EXPERIMENTAL - UNTERSUCHUNGEN

über das

SCHÆDELWACHSTHUM

von

Dr· B. v. GUDDEN,

K. Director der oberbayerischen Kreisirrenanstalt,
o. ö. Professor der Psychiatrie an der Ludwig-Maximilians-Universität
u. o. Mitgliede des Obermedizinal-Ausschusses

in

MÜNCHEN.

Mit XI Tafeln in Lichtdruck.

MÜNCHEN 1874.
RUDOLPH OLDENBOURG.

RECTOR und SENAT

DER

KŒNIGLICHEN

LUDWIG-MAXIMILIANS-UNIVERSITÆT

DEM

HERRN GEHEIMEN RATHE UND PROFESSOR

Dr. FRANZ CHRISTOPH VON ROTHMUND

ZUR

FEIER SEINES FÜNFZIGJÆHRIGEN DOCTOR-JUBILÆUMS

AM 2. AUGUST 1873.

Rector und Senat der Ludwig-Maximilians-Universität

an

Herrn

Geheimrath Professor Dr. Franz Christoph von Rothmund.

Hochgeehrter Herr College!

Fünfzig Jahre sind heute verflossen seit dem Tage, an welchem Ihnen die medicinische Facultät der Universität Würzburg die höchste akademische Würde verliehen hat. Mit gerechtem Stolz dürfen Sie zurückblicken auf die seitdem durchmessene Bahn, denn das Versprechen, welches Sie an jenem Tage feierlich ablegten, haben Sie voll und ganz eingelöst. Das verbürgt Ihnen der heisse Dank aller derer, denen Ihre Kunst Tröstung und Heilung gebracht, die treue Anhänglichkeit der Schüler, die Sie in die Hallen der Wissenschaft eingeführt, die aufrichtige Zuneigung und Hochschätzung der Collegen unserer Universität, welche Sie seit nunmehr fast dreissig Jahren unter den ordentlichen Mitgliedern ihrer medicinischen Facultät zu zählen sich rühmt.

Indem wir Ihnen, hochverehrter Jubilar, unsere herzlichen und warmen Glückwünsche zur Festfeier des heutigen Tages darbringen, sprechen wir mit froher Zuversicht die Hoffnung aus, dass Sie sich der seltenen Rüstigkeit und Frische, die Sie bis auf den heutigen Tag sich bewahrt haben, noch lange Jahre hindurch erfreuen mögen.

München, den 2. August 1873.

Inhaltsangabe.

VORWORT.

Es ist eine alte, mit meinen Untersuchungen über das peripherische und centrale Nervensystem (vergl. deren Anfang im Archiv für Psychiatrie Bd. II. H. 3) Hand in Hand gehende Arbeit, die ich hiermit dem Drucke übergebe. Sie zu dem Abschlusse zu bringen, der mir vorschwebte, habe ich aufgeben und, sollte ich auf die Veröffentlichung nicht ganz verzichten, eine Grenze ziehen müssen.

Vielleicht wäre es zutreffender gewesen, wenn ich als Aufschrift die Bezeichnung „Wachsthum des Kaninchenschädels" gewählt hätte, doch werde ich anderswo Gelegenheit nehmen, nachzuweisen, dass die gewonnenen Resultate vielfach auch für das Wachsthum des menschlichen Schädels sich verwerthen lassen.

Sämmtliche Photographien wurden unter meiner Leitung im Jahre 1869 in Werneck aufgenommen. Als sie fertig und die Tafeln zusammengestellt waren, schien es mir wünschenswerth zu sein, ihre Vervielfältigung auf dem Wege des Lichtdruckes vor sich gehen zu lassen. Jeder, der sich für den Gegenstand interessirte, sollte an absolut getreuen Abdrücken, wo nöthig, mit der Lupe in der Hand, sich ein vollkommen selbstständiges Urtheil bilden können und weniger der Text als die Tafeln in Betracht kommen. Ein in Zürich in dieser Richtung gemachter Versuch kam über die Anfänge nicht hinaus. Desto besser gelang ein zweiter durch die Vermittlung des Herrn Gemoser hier in München. Wäre ich übrigens schon früher, zur Zeit nämlich der photographischen Aufnahme (die in doppelter Grösse hätte vorgenommen werden sollen) mit dem Verfahren des Lichtdruckes vertrauter gewesen, so wären die Tafeln sicherlich noch mehr nach Wunsch ausgefallen.

Noch muss ich bemerken, dass ich in zwei in der „Gesellschaft jüngerer Aerzte" Zürichs gehaltenen Vorträgen die Originalpräparate demonstrirte, und dass das Referat über diese Vorträge in Nro. 5 des Correspondenzblattes für Schweizer Aerzte vom Jahre 1871 (übrigens mit vielen und sinnentstellenden Druckfehlern) abgedruckt ist. Das Referat ist von mir selbst verfasst.

München im August 1873.

Dr. B. Gudden.

Ueber das Schädelwachsthum.

Alle Versuche wurden an neugeborenen Thieren und zwar an Kaninchen, nur zwei an eben aus den Eiern ausgeschlüpften Tauben angestellt. Die Vortheile dieser Art zu experimentiren habe ich im Archiv für Psychiatrie a. a. O. auseinandergesetzt. Ich theile die Versuche in zwei Reihen, deren erste sich auf diejenigen Vorgänge beschränkt, die den Knochen an und für sich angehören, deren zweite sich auf diejenigen ausdehnt, die als die Resultate einer Concurrenz von äusseren Einwirkungen angesehen werden müssen. Die Theilung ist zwar keine scharfe, erleichtert aber Uebersicht und Darstellung.

I. Abschnitt.

Wachsthumsvorgänge, die die Knochen an und für sich betreffen.

Sie werden am zweckdienlichsten am Schädelgewölbe studirt. Das Schädelgewölbe ist einerseits sehr leicht zugänglich, lässt andererseits dieselben am reinsten zu Tage treten.

Cap. I.
Entstehung der Schädelnähte und Abhängigkeit ihrer Form von dem Verlaufe der Havers'schen Canälchen.

Wie der menschliche, so setzt sich auch der embryonale Kaninchenschädel an seiner Basis aus hyalinen Knorpeln zusammen, wird an seiner Decke aus häutigem Knorpel gebildet und lässt an seinen Seitentheilen Uebergangsformen erkennen, durch die in überzeugender Weise Verwandtschaft und innigste Zusammengehörigkeit beider Knorpelformen nachgewiesen werden. Die Umwandlung der häutigen Kapseldecke in eine knöcherne nimmt ihren Anfang an den bekannten, wie man zu sagen pflegt, typisch bestimmten Stellen, den Tubera frontalia und parietalia. Hier bildet sich unter reicher Gefässentwicklung ein kleines, unregelmässiges Netz von Knochenbälkchen, von dem aus sodann, unter fortschreitender, man darf sagen, voraneilender Entwicklung die gleiche Richtung einschlagender Blutgefässe, radienförmig nach allen Richtungen langgestreckte, feine Knochenstrahlen ausfahren, immer weiter vorrücken und bei der Geburt der Thiere, abgesehen von der meist noch offenen Stirnfontanelle, bereits so weit vorgedrungen sind, dass sich die verschiedenen Wachsthumsbezirke nahezu berühren. Diese Berührungslinien, in keinerlei Weise präformirt, sind die sog. Nähte.

Ueberall, wo die Knochenstrahlen, oder, richtiger ausgedrückt, die Knochenblutgefässe senkrecht auf die Naht gerichtet sind, wird diese zackig, (Sutura dentata) überall, wo sie ihr parallel verlaufen, glatt (Sutura simplex). Auf Taf. I Fig. 8 sieht man in halbmaliger Vergrösserung die Havers'schen Canälchen eines 6 Wochen alten Kaninchenschädelchens abgezeichnet. (Alle Versuche, sie zu photographiren, misslangen.) Entsprechend ihrem parallelen Verlaufe sind Anfang und Ende der Stirnnaht, sowie der Anfang der Pfeilnaht glatt, dagegen sind, entsprechend ihrem senkrecht gegen sie gerichteten Verlaufe, die Mitte der Stirnnaht, Mitte und Ende der Pfeilnaht, sowie Kranznaht zackig. In diesem Verhalten aber liegt ein Grundgesetz der Bildung der verschiedenen Nahtformen ausgesprochen[1]. Man vergleiche auch die Wormianischen Knochen Taf. II, Fig. 1, 2, 3, 10 u. 11, sowie Taf. VII, Fig. 1 mit ihren zackigen Quer- und glatten Längsnähten, sowie den Modificationen ihrer Zacken an den diagonal verlaufenden Nähten.

Cap. 2.
Scheinbare Ausnahmen von dieser Abhängigkeit.

Scheinbare Ausnahmen von dieser Regel werden allerdings öfters beobachtet. Sie kommen gleich zur Besprechung, aber alle finden bei genauerer Untersuchung ihre Lösung und Deutung und tragen somit auch ihrerseits nur dazu bei, die nachhaltige Richtigkeit des aufgestellten Satzes zu bestätigen.

1.) Während die Mitte der Pfeilnaht stark gezackt zu sein pflegt, sieht man in der Mitte der Stirnnaht trotz des senkrechten Verlaufes der Havers'schen Canälchen die Zacken nicht selten anscheinend nur schwach ausgebildet. Es beruht dieses auf einer Modification der Zackenbildung, die darin besteht, dass, um mich kurz auszudrücken, die in Wirklichkeit gar nicht so schwach ausgebildeten Zacken sich nicht senkrecht, sondern wagerecht in einander schieben und hiedurch weniger an die Oberfläche treten. Dieses Verhältniss wird sofort klar, wenn man die Stirnbeine auseinander nimmt. Vergl. Taf. VII, Fig. 9, oder auch unter Anwendung der Lupe, Taf. III, Fig. 1. Wodurch diese Modification in ihrem letzten Grunde bedingt ist, bleibt freilich noch zu eruiren. Untersucht man mit absolutem Alcohol entwässerte und mit Damarfirniss durchsichtig gemachte Schädelchen mehre Tage alter Thierchen microscopisch, so scheint es fast, als wenn die sonst in senkrecht aufgebauten Reihen sich bewegenden Havers'schen Canälchen (ich meine ihre Blutgefässe) sich in mehr wagerecht gelagerte, auch wohl schräg sich schneidende Züge umlegen.

2.) Eine zweite scheinbare Ausnahme zeigt sich in den meisten Fällen am Schläfenende der Kranznaht. Es sollte, wie die übrige Kranznaht, gezackt sein, ist

---

[1] Ich rede zunächst vom Kaninchenschädel und bitte den Satz nicht misszuverstehen. Seine Voraussetzung ist überall, dass das Knochengefüge langgestreckte Strahlen bildet.

aber für gewöhnlich glatt. Die genauere Untersuchung ergibt, dass dieses mit einer Schuppenbildung zusammenhängt. Nur der Rand ist glatt und die Zacken findet man, wenn auch meist etwas schwächer ausgebildet, auf den Berührungsflächen der Schuppen. Taf. II, Fig. 4. Fehlt die Schuppenbildung, so ist auch das Schläfenende der Kranznaht gezackt. Taf. II, Fig. 5. Eine Zwischenform lässt Taf. II, Fig. 6 wahrnehmen. Unter welchen entfernteren Bedingungen eine gewöhnliche Naht zu einer Schuppennaht wird, ist ebenfalls noch zu erforschen. Scharf geschieden, wie das schon aus Taf. II, Fig. 6 hervorgeht, sind übrigens beide Nahtformen nicht von einander. In Taf. II, Fig. 7 u. 8 habe ich einen Wormianischen Knochen photographiren lassen, bei dem in ähnlicher Weise, wie beim Schläfenende der Kranznaht, die Schuppenbildung der Zackenentwicklung Eintrag gethan hat.

3.) Bei anderen Wormianischen Knochen kommt noch ein anderer Umstand in Betracht. Die Regel ist zwar, wobei ich abermals Taf. II, Fig. 1, 2, 3, 10 u. 11 zu vergleichen bitte, dass der Zug ihrer Havers'schen Canälchen im Grossen und Ganzen den Zug derjenigen der angrenzenden Hauptknochen einhält, aber jeder Zwischenknochen hat doch auch sein eigenes Centrum, seinen eigenen Knochenkern, von dem aus die Strahlung ausgeht. Auf die mannichfachen kleinen anscheinenden Abweichungen, die hieraus entspringen, gehe ich indessen, da unter Berücksichtigung der angeführten beiden Momente jede genauere Betrachtung dieselben sofort aufklärt, nicht näher ein.

Der Nachweis wurde geführt, dass die scheinbaren Ausnahmen von der aufgestellten Regel der Nahtbildung eben nur scheinbare seien. Wer trotzdem noch nicht überzeugt ist, dass die Nahtform von dem Verlaufe der Havers'schen Canälchen abhängig sei, wolle beispielsweise Taf. III, Fig. 4 u. 7 sich etwas näher ansehen und alsdann noch Taf. I, Fig. 9 u. 10 mit Taf. I. Fig. 8 vergleichen.

Durch Unterbindung der Carotiden 4 Tage nach der Geburt (ich komme später ausführlich auf dieses wichtige Experiment zurück) wurde eine Aenderung im Verlaufe der Gefässe der Schädelknochen herbeigeführt. Diese strömen in Taf. III, Fig. 4 von der rechten und in Taf. III, Fig. 7 von der linken Kranznaht zur Pfeilnaht ab und sofort wird, entsprechend dem veränderten Einfallswinkel, die Pfeilnaht aus einer Sutura dentata zu einer Sutura serrata umgewandelt. In Taf. I, Fig. 9 u. 10 ist dieser Vorgang in halbmaliger Vergrösserung gezeichnet und zur Vergleichung dient Taf. I, Fig. 8, die, wie bereits oben erwähnt, den normalen Verlauf der Havers'schen Canälchen und die normale Form der Nähte zur Anschauung bringt.

Cap. 3.

Ausschneidung einer Naht. Regeneration derselben.

Bekanntlich nimmt man ziemlich allgemein an, dass vorzugsweise die Nähte es seien, welche das Wachsthum des Schädels vermitteln. Von den Nähten aus, so ist die Lehre, wachsen die Knochen in die Dimensionen der Fläche, der Länge und der Breite; für die Dicke aber geht das Wachsthum vom Pericranium (und ausnahmsweise der Dura mater) aus und folgt ihm gewissermassen als Correctur, zur Adaptation an das nicht blos sich vergrössernde, sondern auch in seiner Form sich umgestaltende Hirn die erforderliche Resorption von innen her (Virchow, gesammelte Abhandlungen S. 936). Ein interstitielles Wachsthum wird grossentheils bestritten. Es stimmen aber diese Angaben, so ausgezeichnet und bahnbrechend die Arbeiten auch sind, durch welche sie gestützt werden, nicht mit dem wirklichen Sachverhalte.

Taf. I, Fig. 1 u. 2 sind die erwachsenen Schädel zweier Kaninchen abgebildet, bei denen gleich nach der Geburt die Pfeilnaht und ein Theil der Stirnnaht, resp. die Pfeilnaht allein, herausgeschnitten wurden. Die Operation ist einigermassen zart und erfordert eine gewisse Behutsamkeit, wenn nicht der Sinus longitudinalis angeschnitten und die eintretende starke Blutung die Fortsetzung derselben erschweren und, je nachdem, das kleine Thierchen erschöpfen soll. Dabei hat man das Messer noch innerhalb der die Naht begrenzenden Knochen zu führen und doch nicht mehr von diesen abzuschneiden, als absolut nöthig ist, um sicher zu sein, dass die ganze Naht fortgenommen wurde. Geriethen die Schnitte und fand, ohne dass man mit dem Messer tiefer eindrang, eine vollständige oder nahezu vollständige Durchschneidung der Knochen mit ihrer inneren Knochenhaut statt, so gelingt es zuweilen mittelst eines sanften Zuges die excidirte Naht von dem Sinus longitudinalis anterior abzutrennen, ohne dass eine Zerreissung der Gefässwand eintritt[1]) Aber auch wenn bei diesem Operationsacte der Sinus verletzt wird, ist insofern der Unfall nicht sehr bedenklich, als nach der gleich erfolgenden Schliessung der Hautwunde die Blutung sehr bald zu stehen pflegt. Was geschieht nun, wenn die Naht entfernt ist? Auf Taf. XI, Fig. 9 sieht man den Eintritt einer zweiten Möglichkeit, die später besprochen werden soll, auf Taf. I, Fig. 1 u. 2 aber, wie die angrenzenden Knochen weiter gewachsen sind und, wenn auch in etwas unregelmässiger Form, eine neue Naht gebildet haben. Eine Verkürzung etwa im queren Durchmesser des Schädels ist dabei nicht im Geringsten wahrzunehmen. Man kann also Nähte vollständig entfernen, die angrenzenden Knochen, ich wiederhole es, leiden kaum darunter, wachsen, ohne dass eine wesentliche Beeinträchtigung der Entwicklung des Schädels einträte, weiter und bilden zusammenstossend eine neue Naht.

Cap. 4.

Bildung ganz neuer Nähte in der Continuität der Knochen.

Wo zwei Knochenwachsthumsbezirke sich berühren, sagte ich, bildet sich eine Naht. Tritt ein überzähliger Knochenkern auf, so bildet auch er seine Nähte. Ohne

---

[1]) Es klingt dieses allerdings nicht sehr wahrscheinlich, ist aber so. Beim Kaninchen scheinen wenigstens Anfänge von Differenzirung zwischen innerer Knochenhaut und Dura mater vorhanden zu sein, ohne die das Abreissen und Zurückbleiben des Sinus wenigstens schwer verständlich wäre. Die Trennung von innerer Knochenhaut und Dura mater im Rückenmarkskanale ist bekannt. Unter gewissen Bedingungen, die freilich noch unklar sind, kommt es aber beim Menschen auch im Schädel vor, dass eine solche Trennung vor sich geht. Mir liegt (durch die gefällige Vermittlung von Director Grashey in Deggendorf) ein höchst interessantes Idiotenköpfchen vor, bei dem dieses der Fall ist. Auch Herr von Bischoff hat dasselbe untersucht.

diese Art, die Sache sich vorzustellen, müssten einem die sogen. Landkartenschädel, wie sie von Bruns in den Tafeln zu seinem ausgezeichneten chirurgischen Werke[1]) hat reproduziren lassen, geradezu räthselhaft erscheinen. Erschien aber die Auffassung als eine richtige, so lag es nahe, zu versuchen, ob sich nicht auch ganz neue Nähte künstlich herstellen liessen und zwar ohne dass diese Neubildung von irgend einem Einflusse, wenigstens nicht von einem fördernden Einflusse auf das Wachsthum des Schädels wäre.

Trennt man einen Knochen der Schädeldecke in seiner Continuität mit dem Messer oder der Scheere, so sind, wie wir gleich sehen werden, drei Möglichkeiten gegeben. Liegen die Knochenwundränder zu weit auseinander, so bilden sich Spalten: Taf. I, Fig. 6, Taf. VII, Fig. 1, 3 u. 4, Taf. XI, Fig. 11, liegen sie zu dicht aneinander, Synostosen: Taf. VIII, Fig. 3, (im linken Scheitelbeine und bis zur Unkenntlichkeit verstrichen im linken Stirnbeine) Taf X, Fig. 4, (im linken Stirnbeine) Taf. XI, Fig. 11 (ebenfalls im linken Stirnbeine), berühren sie sich, ohne allzugenau aufeinander zu passen, neue Nähte: Taf. I, Fig. 3 u. 4 (in beiden Scheitelbeinen) 5, (im linken Scheitelbeine, fast senkrecht in die Pfeilnaht einfallend) 6, (am Ende der Spalte im Stirnbein) 7, (im linken Stirnbein, parallel der Kranznaht) Taf. VII, Fig. 1, (im linken Scheitelbeine am hinteren Ende der Spalte) Taf. X, Fig. 4, (an derselben Stelle des Scheitelbeines).

Bei Durchsicht der Tafeln wird man bereits bemerkt haben, dass Spalten, Synostosen und neue Nähte sich auch mit einander verbinden können. Ob nicht bei ihrer Bildung auch noch andere Momente in Betracht kommen, als die unter 1, 2 u. 3 aufgeführten, lasse ich dahingestellt sein.

Spalten und Synostosen interessiren uns hier weiter nicht, auf die neuen Nähte muss ich dagegen noch etwas näher eingehen.

Die schönsten Exemplare, die ich besitze, sind die auf Taf. I, Fig. 3 u. 4 abgebildeten, nur stehen die Abbildungen bedeutend hinter den Originalen zurück, an denen die neuentwickelten Nähte sich stellenweise auch nicht im Geringsten von den natürlichen unterscheiden lassen. Sie waren es, bei denen ich es am lebhaftesten bedauert habe, nicht schon früher über die Vorbedingungen zum Lichtdrucke genauer orientirt gewesen zu sein. — Gewonnen wurden sie in folgender Weise: Um einen der vorderen Hügel des Corpus quadrigeminum abtragen zu können, (Archiv für Psychiatrie a. a. O. S. 718) wurde ein sagittaler Hautschnitt gemacht, zur Vermeidung der Verletzung der Dura mater mit schräg gehaltenem Messer die Sutura lambdoidea getrennt, ein feines Scheerenblatt möglichst entfernt von der Mittellinie des Schädels in die getrennte Naht eingesetzt, vorsichtig zwischen Knochen- und harter Hirnhaut vorgeschoben und das Scheitelbein beiderseits bis zur Kranznaht durchgeschnitten. Im Präparate Fig. 3 ist die rechte Schläfennaht erhalten, im Präparate Fig. 4 der Scheitelbeinstreifen rechts zwischen neuer Naht und Schläfennaht beim Maceriren verloren gegangen. Ansehnlicher würden die Präparate sich darstellen, wenn man die

---

[1]) v. Bruns. Die chirurgischen Krankheiten des Gehirns und seiner Umhüllungen.

Schädelchen, was wegen der Hirnpräparate nicht wohl zulässig war, ganz erhalten hätte. Die Präparate von Taf. I, Fig. 5, 6 u. 7 und Taf. X, Fig. 4 wurden durch Abtragung eines oberen Hemisphärenlappens zu Stande gebracht. (Archiv für Psychiatrie a. a. O. S. 708.) Ein sagittaler Hautschnitt in der Mittellinie legt das Schädelchen frei; sobald es freigelegt ist, setzt man von der Seite her etwas über dem Niveau von Thalamus und Corpus striatum ein kleines, scharfes, bauchiges Messer an, zieht es durch Schädel und Hirn bis zur grossen Hirnspalte durch, dreht es ein wenig um die Achse und hebt mit der gedrehten Klinge den abgetragenen Hirnlappentheil zur Schädelhöhle heraus. Das Schädeldeckelchen fällt wieder zu und die von Blut gereinigte Wunde der äusseren Theile wird sofort geschlossen. Bei dieser Operation wurde also, was bei der vorigen nicht der Fall war, Knochen und Dura mater durchgeschnitten. Der Schädel von Taf. X, Fig. 4 wurde, um wenigstens an einem Präparate die trotz des erfolgten Eingriffes ausgezeichnet erhaltene Configuration ad oculos demonstriren zu können, nicht geöffnet. Ich komme auf ihn später zurück. Bei dem in Taf. VII, Fig. 1 photographirten beschränkte ich mich auf den Knochenschnitt, ohne in's Hirn selbst einzudringen. Auch dieses Präparat wird noch anderswo zur Sprache kommen. Am schönsten wiedergegeben ist die neue Naht in Taf. I Fig. 7. Sie schliesst sich dort, wie das oft der Fall ist, an eine Spalte an und zieht sich dann parallel der Kranznaht durch das linke Os frontis bis zur Stirnnaht hin. Thatsache ist also, dass sich neue Nähte künstlich bilden lassen und, wie die natürlichen Nähte die Grenz- und Berührungs-Linien zwischen den natürlichen Knochenwachsthumsbezirken sind, so sind die künstlichen Nähte die Grenz- und Berührungs-Linien zwischen den künstlich gebildeten Knochenwachsthumsbezirken.

Schwieriger ist der directe Beweis beizubringen, dass solche künstlich zu Wege gebrachten Nähte die Configuration des Schädels nicht alteriren, beispielsweise bei einem der Sagittalnaht parallelen Verlaufe keine Erweiterung des Schädels herbeiführen. Bei der Art und Weise, wie die neuen Nähte gewonnen wurden, mischen sich viele fremdartige und dazu sehr eingreifende Momente ein. Am ehesten zu verwerthen dürften noch Taf. I, Fig. 3 u. 4 sein. Viel sicherer und entscheidender dagegen lässt sich der Nachweis, dass die Verdoppelung von Nähten für die Form des Schädels in ihrer Gesammtheit ohne Einfluss ist, an sonst normalen mit grossen Schaltknochen versehenen Schädeln führen.

Cap. 5.
Gleichgiltigkeit der Verdoppelung einer Naht für die Gestaltung des Schädels.

Welcker[1]) hat aus seinen Messungen gefunden, dass das Offenbleiben oder der frühzeitige Verschluss der Stirnnaht einen mächtigen Einfluss auf die gesammte Formation des Schädels besitzt[2]). Wenn aber die Naht wirklich die Bedeutung hätte,

---

[1]) Welcker (Untersuchungen über Wachsthum und Bau des menschlichen Schädels) S. 3 u. Taf. I., sowie Abschnitt 5.

[2]) Doch setzt er gleich hinzu: Man ahnt sofort, dass es sich hier nicht um das blosse Offenbleiben einer Naht, sondern um eine typisch abweichende Schädelform handelt.

die durch Welcker anscheinend nachgewiesen wurde, so müsste bei Verdoppelung von Nähten sich sofort eine ähnliche Folge nachweisen lassen. Aus einer grossen Anzahl von Kaninchenschädeln habe ich 6 Gruppen zusammengesucht. Maassgebend für die Gruppenbildung war die Länge des Schädels und zwar erschien es nach verschiedenen Versuchen, die gemacht wurden, schliesslich das Einfachste und Sicherste zu sein, als Länge des Schädels die Entfernung der Protuberantia occipitalis externa von dem am meisten vorspringenden Theile des Os intermaxillare anzunehmen. Jede der 6 Gruppen zerfiel in 3 Untergruppen, in Schädel ohne Schaltknochen (die bei weitem zahlreichsten), in Schädel mit einem grossen Schaltknochen und Schädel mit zwei relativ ebenfalls grossen Schaltknochen. Sämmtliche Schaltknochen befanden sich in der Gegend der Stirnfontanelle, dem gewöhnlichen Sitze der Ossa Wormiana bei Kaninchen. Bei allen Schädeln wurden ausserdem die Längen beider Kranznähte bestimmt und um diese zu bestimmen, die Zirkelspitzen in die Scheitel der Winkel eingesetzt, die Schläfen- und Kranznähte miteinander bilden. In den Fällen, in denen die Scheitel abgerundet waren, was hier und da vorkommt, wurde der Scheitelpunkt durch Verlängerung der Richtungslinien von Kranz- und Schläfennaht bestimmt.

Tabelle.

Gruppe	Schädel ohne Schaltknochen.		Schädel mit einem grossen Schaltknochen.		Schädel mit zwei grossen Schaltknochen.	
	Länge der Schädel	Länge der Kranznähte	Länge der Schädel	Länge der Kranznähte	Länge der Schädel	Länge der Kranznähte
I	50 Mm.	19,5 Mm.			50	20
II	67	21,3	68	21,3	68	21
III	71,3 / 71 / 71 / 71,5 / 71 (71,2)	22 / 22 / 21,5 / 21 / 20,5 (21,4)	72	21,5	71 / 70,5 (70,7)	22 / 21 (21,5)
IV	73	21,6	73	21,6		
V	76 / 75 / 75 / 76 / 74 / 76 / 75 / 74 (75,1)	23,2 / 23,2 / 23 / 22,3 / 22,3 / 22,4 / 22,2 / 21 (22,4)			76 / 75 / 75 (75,3)	23,5 / 22,3 / 21,6 (22,5)
VI	86,2 / 86 / 85 / 84,5 (85,4)	24,5 / 23,5 / 23,5 / 23,5 (23,7)	85	24,3		

Aus der Tabelle geht hervor, dass selbst grosse Zwischenknochen oder, mit andern Worten, die Verdoppelung und selbst Verdreifachung der Nähte ohne wesentlichen Einfluss auf die allgemeine Configuration des Schädels sind[1]). Um aber dieses Verhältniss noch anschaulicher zu machen, habe ich auf Taf. II, Fig. 9, 10 u. 11 die Schädel dreier Kaninchen photographiren lassen, die, von einem Wurfe stammend, sich sehr gleichmässig entwickelt hatten. Die Zwischenknochen waren entdeckt worden, als die Thierchen operirt werden sollten. Auf die Operationen verzichtete ich, schloss die Hautwunden, bezeichnete die Kaninchen und liess sie später gleichzeitig tödten. Die Schädel sind, wie man sieht, aus einem Gusse. Die Länge (in dem oben angegebenen Sinne) und der grösste Querdurchmesser betragen

bei Fig. 9 61 Mm. u. 27,5 Mm.
bei Fig. 10 60 Mm. u. 27 Mm.
bei Fig. 11 61 Mm. u. 27,8 Mm.

Die Unterschiede sind in der That so unbedeutend, dass man sagen darf, die 3 Schädel seien in ihren Längen und Breiten einander gleich.

Cap. 6.

Durch Carotidenunterbindung herbeigeführte partielle Schädelatrophien. Verkürzungen ohne Synostosen. Verkürzungen mit Synostosen.

Ich komme zu dem Hauptargument, welches der Lehre von der Bedeutung der Naht als Matrix der Knochenbildung zur Stütze gedient hat, zu den Synostosen und ihren Verkürzungen und Compensationserweiterungen mit ihrer glänzenden Vergangenheit. Nichts liegt mir ferner, als die grossen Verdienste nicht anzuerkennen, die auf diesem Gebiete errungen worden sind, aber das, was ich nachweisen zu können glaube, ist, dass Synostosen und Verkürzungen trotz ihres so häufigen Zusammentreffens nicht in einem causalen Verhältnisse zu einander stehen, dass sie vielmehr beide auf eine gemeinsame, tiefer gelegene Ursache, die darum nicht nothwendig immer beide Folgen nach sich zu ziehen braucht, zurück zu führen sind und dass diese gemeinsame Ursache die Zerstörung einer grösseren Anzahl von Bildungselementen des Knochens ist. Die Zerstörung kann in verschiedener Weise erfolgen, kann aber experimentell in sehr instructiver Weise durch wenige Tage nach der Geburt vorgenommene Unterbindung beider Carotiden zu Wege gebracht werden. Je früher zwar das Experiment gelingt, desto besser. Operirt man aber vor dem vierten Tage, so pflegen die Thierchen in Folge allzugrossen Stumpfsinnes zu Grunde zu gehen. Auch nachdem sie bereits vier Tage alt geworden sind, werden sie dumm und träg, erholen sich aber mit Herstellung des Collateralkreislaufes nach und nach und werden wieder frischer und mobiler. Eine Sagittalfalte am Halse wird gebildet, ein genügend grosser Schnitt gemacht, das Fett mit Pinzette und feiner über's Blatt gebogener Scheere entfernt,

---

[1]) Womit durchaus nicht im Widerspruch steht, dass durch anderweitig herbeigeführte Schädelerweiterungen die Bildung von Zwischenknochen gefördert wird.

eine Carotis nach der andern frei gelegt und mit einem dünnen Faden unterbunden. Zur Umgehung der Arterie benutze ich eine gewöhnliche mit einem Faden versehene Nähnadel, die mit ihrem stumpfen Ende von innen nach aussen unter das Gefäss geführt, zwischen ihm und dem Nerv. vagus vorgeschoben und durchgezogen wird. Sobald die Ligaturen angelegt sind, näht man die Wunde und schneidet sämmtliche Fäden mit Einschluss der Arterienligaturen bis auf die Länge von 5 Mm. ab. Alles heilt dann von selbst, ohne dass man sich weiter darum zu bekümmern braucht. Auffallend ist es, wie die Thierchen, die nach Unterbindung der ersten Carotis sich noch munter bewegen, nach Unterbindung der zweiten, die, freigelegt, unter dem vermehrten Blutdrucke sich mitunter förmlich bäumt, sofort ruhig und stumpf werden. Die Kopfhaut wird etwas livid und ödematös, schmale kleine Streifchen am Rande der Ohren werden zuweilen necrotisch, eine Glatze bildet sich, bald auf die Mitte des Köpfchens sich beschränkend, bald auf die Seiten des Gesichtes, zuweilen mehr auf die rechte, zuweilen mehr auf die linke Seite übergehend, der Collateralkreislauf stellt sich wieder her, der ödematöse Anflug schwindet, die Haare wachsen wieder und die Thierchen, die anfänglich mager wurden und langsam gediehen, sind bald wieder wie andere, die nicht operirt wurden. Nach 6 Wochen wurden sie in der Regel getödtet, einige früher, einige erst dann, nachdem sie vollständig ausgewachsen waren. Der Collateralkreislauf stellt sich durch die Art. vertebrales her. Durch die Art. carot. internae dringt das Blut abwärts in die Art. carot. externae und von diesen aus wieder aufwärts in deren Aeste; ein anderer Theil desselben geht durch die Art. ophthalm. in die Art. supraorbitalis, deren erweiterte Aeste ziemlich tiefe Rinnen in den Stirnbeinen hervorrufen. Auf Taf. VI, Fig. 12 u. 13 habe ich Atlas und Epistropheus eines erwachsenen Kaninchens, dem 5 Tage nach der Geburt die beiden Arteriae carot. communes unterbunden worden waren und Fig. 14 u. 15 zum Vergleiche die beiden oberen Halswirbel eines erwachsenen normalen Kaninchens photographiren lassen.

\ Nach Unterbindung der Carotiden ist der Vorgang in den Schädelknochen folgender. Die zahlreichsten, jüngsten und zartesten Gefässe, wahrscheinlich, worüber weitere Untersuchungen endgültig entscheiden müssen, wofür aber die microscopische Beobachtung und die grosse Schwierigkeit, sie mit Carminleim nach Thiersch'scher Methode zu injiciren spricht, an ihren äussersten Sprossen blind endigend, befinden sich an den Rändern der Knochen (den Grenzen der Knochenwachsthumsbezirke). Hier sind daher auch die empfindlichsten und verletzbarsten Stellen für die Wirkung eines auf die grossen Halsarterien unternommenen Angriffes. Die nächste Folge der Unterbindung dieser Arterien ist eine mehr oder weniger grosse Stockung im ganzen Stromgebiete derselben. Wird diese durch Herstellung des Collateralkreislaufes in ihrem ganzen Umfange überwunden, was in ungefähr einem Drittel der Fälle geschieht, so bleibt eine dauernde Störung im Wachsthume nicht zurück. Ist dieses aber nicht der Fall und die Blutstockung, deren Ort ein äusserst variabeler aber vorzugsweise in den Randbezirken gelegener ist, eine bleibende, wird somit ein Knochenrand, oder werden mehrere Knochenränder aus der Circulation gleichsam ausgeschaltet, so sind die nothwendigen Folgen Necrobiose der in diesen sich vorfindenden Bildungselemente, Sistirung des Wachsthums und Verkürzung des Schädels in der Richtung des Wachsthums. Man kann diese Necrobiose, wenn man die operirten Neugeborenen in angemessenen Zwischenräumen tödtet, auch microscopisch verfolgen. Die zu diesen Untersuchungen günstigsten Stellen sind die in der Continuität der Knochen, in der ebenfalls, wie bereits angedeutet wurde, hier und da eine Stockung zurückbleibt. Die Knochenbälkchen und Knochenkörperchen gehen durch sog. Schmelzung zu Grunde. In dieser Weise entstanden die Lücken in Taf. III, Fig. 1 und Taf. VI, Fig. 1, doch kommt vielleicht bei Taf. VI, Fig. 1, wofür der etwas aufgeworfene Rand spricht, auch noch ein anderes Moment, der Druck nämlich des Gehirnes, in Betracht.

Der Nahtknorpel selbst ist gefässärmer und widerstandsfähiger, als der Knochenrand. Geht er im Bereiche der necrobiotischen Knochenzone nicht zu Grunde, so behält er mehr oder weniger die Form bei, die er gerade hatte, als das Wachsthum der ihn begrenzenden Knochen beeinträchtigt wurde. Wir haben alsdann eine Verkürzung o h n e Synostose. Bleibt er nicht erhalten, geht auch er zu Grunde, was dann der Fall ist, wenn die Thrombose einen höheren Grad erreichte, so tritt Verkürzung m i t Synostose ein. So erklärt es sich auch, warum Synostosen d i e s e r Art mit der grössten Verkürzung einher zu gehen pflegen.

Verkürzungen o h n e Synostosen, mit Erhaltung also der fötal geformten Nähte, sind für uns die instructivsten.

Taf. III, Fig. 1, 2, 3, 4, 5, 6, 7, 8, 9 und Taf. IV, Fig. 1, 2, 3, 4, 5, 6 sind 5 solche Schädel, jeder in 3 die Untersuchung erleichternden Stellungen photographirt. Auf sehr kleine synostotische Brücken wurde keine Rücksicht genommen. Uebergangsformen zwischen den beiden aufgestellten Gruppen sind zahlreich. In Taf. III, Fig. 1 2 u. 3) findet sich die Wachsthumsbeschränkung längs der linken Schläfennaht, in Fig. 4 (5 u. 6) längs der rechten Kranznaht, in Fig. 7 (8 u. 9) längs der linken Kranznaht, in Taf. IV, Fig. 1 (2 u. 3) längs der linken Kranznaht und linken Schläfennaht, in Fig. 4 (5 u. 6) längs der rechten Kranznaht und der linken Schläfennaht.

Verkürzungen m i t Synostosen sind abgebildet auf Taf. IV, Fig. 7 (Synostose des Anfanges der Pfeilnaht); Taf. IV, Fig. 9 mit verschiedenen Profilabbildungen und Abbildungen normaler Vergleichungsobjecte in Taf. IV, Fig. 8 und Taf. V, Fig. 2, 4 und 1, 3 (Synostose der hinteren Hälfte der Pfeilnaht); Taf. V, Fig. 9 (Synostose fast der ganzen Pfeilnaht); Taf. V, Fig. 6 mit Nebenfigur und normalen Vergleichungspräparaten in Fig. 8, 5 u. 7 (Synostose der Stirnnaht); Taf. V, Fig. 11 mit Nebenfigur 10 (Synostose der rechten Kranznaht); Taf. VI, Fig. 1 mit 2 u. 3 (Synostose der linken Kranznaht bei einem 18 Tage nach der Unterbindung getödteten Thierchen) Taf. VI, Fig. 4 u. 5 mit den normalen Vergleichungspräparaten 6 u. 7 (Synostose der Naht zwischen Schuppen- und Gelenktheil des Hinterhauptsbeines)[1]. Nur ist zu bedauern, dass die meisten Figuren der Taf. VI, die sehr feinen und zarten Objecten entnommen wurden, Manches zu wünschen übrig lassen. Hätte ich (wie im Vorwort bemerkt

---

[1] Eine zufällig bei einem Maulwurfsschädelchen gefundene recht hübsche Synostose der linken Kranznaht habe ich Taf. V, Fig. 12 u. 13 photographiren lassen.

wurde) alle Photographien bei der ersten Aufnahme in doppelter Grösse aufnehmen lassen, so wäre manche sehr zarte Linie nicht verloren gegangen. Ein Uebelstand aber, der vom Lichtdrucke unzertrennlich zu sein scheint, ist der, dass kräftigere Linien durch den Druck in störender Weise sich verbreitern.

Cap. 7.

Fötale Form der nicht synostosirten Nähte innerhalb der atrophirten Schädelregion. Verhalten der angrenzenden Nähte.

Vor der Messung und weiteren Besprechung der Verkürzungen sind indessen zwei andere Punkte von Bedeutung, wenigstens so weit sie uns hier berühren, in Kürze zu erörtern. Es sind diese 1.) die fötale Form der in der Verkürzung liegenden und 2.) das Verhalten der angrenzenden Nähte.

Ad 1. Beim neugeborenen Kaninchen haben sich zwar die verschiedenen Knochen, mit Ausnahme der Gegend der Stirnfontanelle, nahezu erreicht, berühren sich indessen noch nicht so innig, dass ihre Zacken da, wo überhaupt Zacken sich zu bilden pflegen, ineinandergreifen. Die fötale Naht erscheint daher an den betreffenden Stellen glatter und weniger gezackt, als die erwachsene. Wird nun das Wachsthum längs einer solchen fötalen Naht gestört, so können sich die Zacken nicht weiter oder höchstens in beschränkter Weise weiter entwickeln und die Naht bleibt mehr oder weniger glatt. Weniger als normal gezackte Nähte sind daher unter Umständen ein sehr entschiedener Ausdruck verminderten Wachsthums. Zu schliessen jedoch, dass eine solche Naht immer der Ausdruck einer Verkümmerung der angrenzenden Knochen und umgekehrt, dass eine mehr als normal gezackte Naht stets der Ausdruck aussergewöhnlichen Wachsthums sei, wäre ein übereilter Schluss [1]. In Fig. 14 der ersten Tafel habe ich einen erwachsenen mikrocephalischen Kaninchenschädel photographiren lassen, der eine ungemein reiche Zackung in der Pfeil- und der beiderseitigen Kranz- und Schläfen-Naht wahrnehmen lässt. Auf Taf. VIII, Fig. 3 ist das Schädeldach eines Kaninchens abgebildet, dem beide Grosshirnhemisphären gleich nach der Geburt abgetragen waren. Trotzdem dass das Schädeldach im Vergleich zu einem gleichalterigen normalen (Fig. 4) viel flacher (vergl. die beiden Figuren unter 5 und die unter 6) und in allen seinen Dimensionen verkürzt ist, zeigen seine Nähte wenigstens keine verminderte Zackung. Das in dieser Beziehung instructivste Präparat aber findet sich auf Taf. VII, Fig. 2. Einem Kaninchen war wenige Tage nach seiner Geburt parallel der Sagittalnaht und nahezu 2 Mm. entfernt von ihr ein 2 Mm. breiter Streifen aus dem linken Scheitelbeine herausgeschnitten worden. Die Folge war Spaltenbildung und abhängig

---

[1] Welcker (Untersuchungen über Wachsthum und Bau des menschlichen Schädels S. 2) sagt: Was ich in der Literatur über diesen Gegenstand finde, beschränkt sich auf eine Angabe Stahl's (Zeitschrift für Psychiatrie 1854 S. 547) nach welcher lineale feinzackige Zeichnung der Nähte die Vertiefungen, Raumbeengungen; limböse grosszackige Zeichnung der Nähte die Wölbungen, Raumerweiterungen begleitet. Vollkommen richtig ist Stahl's Bemerkung, dass gerade die Mitte der Pfeilnaht, die Mitte der Kronennaht durch längere, oft limböse Bezahnung sich auszeichnet und dass gerade an diesen Stellen der Schädel nicht selten eine stärkere Wölbung besitzt. Aber man würde irren, wenn man annähme, dass zackige Beschaffenheit der Nähte ein vermehrtes Knochenwachsthum zur Folge habe.

von dieser, was später besonders besprochen werden soll, ein Zurückbleiben in der Entwicklung des rechten Scheitelbeines. Das an die Kranznaht anstossende Ende des erhaltenen der Sagittalnaht anliegenden Theiles des linken Scheitelbeines wurde durch das Wachsthum des linken Stirnbeines mechanisch gezerrt und seine Kranznahtzacken (bereits präformirt) rückten auseinander. Umgekehrt wurden die Kranznahtzacken des rechten Scheitelbeins (ebenfalls präformirt) durch das Zurückbleiben des Wachsens in die Quere zusammengedrängt, und entstand hierdurch der Anschein einer Zackung, die reicher als normal ist.

Ad 2. Sowie das Wachsthum längs einer Naht durch Zerstörung der Bildungselemente des Knochenrandes aufhört, strömt das Ernährungsmaterial, das Blut, von der necrobiotischen Zone wie an einer Barriere ab und nach jenen Stellen in nächster Nähe hin, an denen die Bildungselemente erhalten sind. Bei Necrobiose beispielsweise längs der Kranznaht strömt das Blut nach Pfeil-, Stirn- und Schläfen-Naht. Sehr merkwürdig ist dabei die Regelmässigkeit der Gefässkurven, die das abströmende Blut sich bildet, und ein schöner Beweis (wie ich deren im Verlaufe der Untersuchung noch mehrere beibringen werde) für die Accomodationsfähigkeit der Knochenentwicklung an mechanische äussere Einwirkungen. In § 1 habe ich bereits bemerkt, dass die Knochenblutgefässe (in den Havers'schen Canälchen) im Grossen und Ganzen senkrecht auf die Kranznaht gerichtet seien. Verbunden sind dieselben mit einander durch Anastomosen, die grossentheils einen mehr oder weniger rechten Winkel mit ihnen bilden. Durch diese Winkel fliesst das Blut ab und durch seinen Druck alle Vorsprünge und Ecken ausgleichend, bildet es sich eine Bahn (eben die Curven) in der es mit dem geringsten Widerstande strömt'). Man vergleiche Taf. I, Fig. 8, 9 u. 10, die mit grosser Sorgfalt gezeichnet sind. Wo aber vermehrte Blutzufuhr, da vermehrtes Wachsthum; vermehrtes Wachsthum also im angeführten Beispiele an den Knochenrändern längs der genannten Nähte. Folge davon Verlängerung der verkümmerten Naht, der Coronalnaht. Ich komme gleich darauf zurück. Mit der länger bestandenen Synostose, sagt dagegen Lucä vom Menschen, ist auch die befallene Naht zugleich verkürzt. (Schädel abnormer Formen S. 11.)

Cap. 8.
(Fortsetzung von Cap. 6.)
Verkürzungen ohne Synostosen. Verkürzungen mit Synostosen.

Nach Ausscheidung der durch Unterbindung der grossen Halsschlagadern nicht dauernd gestörten, sowie der ganz kleinen, für die microscopische Verfolgung der Necrobiose verwendeten, bleiben mir noch 27 Schädel, die in Folge der Unterbindung partielle Atrophien, Verkürzungen mit und ohne Nahtobliteration wahrnehmen lassen. Die Randbezirke verschiedener Nähte sind betheiligt, am zahlreichsten die der Kranz- und Schläfennähte, weniger oft die der Pfeil- und Stirnnaht, am seltensten diejenigen anderer Nähte. Gewöhnlich sind die Randbezirke nur einer Naht atrophisch, doch kommt es

---

') Es ist dieses eine Beobachtung, die immer auf's neue einen gewissen Reiz auf mich ausübt.

auch vor, dass längs zweier Nähte dieselben gelitten haben. Wo es zu keiner Synostose kam, zeigen die Nähte alle mehr oder weniger die fötale Form. Je geringer die Verkürzung ist, desto mehr nähert sich ihre Form der normalen. Die grössten Verkürzungen zeigen sich bei Synostose der Naht. Je ausgedehnter die Synostose, desto grösser ist die Verkürzung. Bezeichnen wir der Kürze wegen die Nähte fötaler Gestaltung und die gänzlich verstrichenen als synostotische, so bestätigt sich allüberall der eigentliche Kern des Virchow'schen Satzes (Gesammelte Abhandlungen S. 936), dass bei Synostose einer Naht die Entwicklung des Schädels jedesmal in der Richtung zurückbleibt, welche senkrecht auf die synostotische Naht ist, nur muss man sich dabei gegenwärtig erhalten, dass zwischen beiden kein ursächliches Verhältniss besteht, sondern dass Verkürzung und Synostose gleichmässige Folgen einer anderswoher eingeleiteten Ernährungsstörung sind. Selbstverständlich kommt für die Mächtigkeit der Difformität auch die Zeit in Betracht, in der ihre Ursache eintrat. Je früher die Störung eintritt, desto grösser ist ihr Effect. Meinem Collegen v. Hecker verdanke ich die Erlaubniss zur Untersuchung eines ihm gehörenden neugebornen Kindsschädels, bei dem sich eine ganz eminente Verkürzung in der Quere mit ausgedehnter Synostose der Pfeilnaht vorfindet. Es ist das schönste Präparat vom Menschen, das mir in dieser Art vorgekommen ist und wird dasselbe an einem anderen Orte zur ausführlichen Beschreibung gelangen.

Jede Verkürzung, worauf schon Virchow[1] aufmerksam machte, ist die Ursache einer Reihe secundärer Verkürzungen, bei denen die Nähte als solche erst recht nicht ursächlich betheiligt sind, jede Verengung des Schädelraumes an einer Stelle die Veranlassung einer Reihe von Compensationserscheinungen, die zwar in der Regel zunächst von den Knochenrändern der auf die synostotische Naht mehr oder weniger senkrecht aufstossenden Nähte aus, also in der Richtung der synostotischen Naht, eingeleitet werden, sich aber, allmälig undeutlicher werdend, über das ganze Bereich des nicht in die Stenose hineingezogenen Schädels ausdehnen. Von den atrophirenden Rändern der bezüglichen Knochen strömt das Blut in der im vorigen Cap. beschriebenen Weise wie an einer Barriere ab und den zunächst gelegenen anderen Rändern desselben Knochens zu, was zur Folge hat, dass, während selbstverständlich die den verkürzten Knochen begrenzenden, mit der Verkürzungslinie parallelen Nähte ebenfalls verkürzt sind und, wenn sie in der Mitte des Schädels liegen, (Stirn- und Pfeilnaht) einen mehr oder weniger unregelmässigen, sehr stumpfen, mit seiner Oeffnung nach der atrophischen Seite gerichteten Winkel bilden, die synostotische Naht sich verlängert.

1. Verkürzungen ohne Synostosen.

Sie sind, wie bereits erwähnt, für uns zunächst von grösserem Interesse.

Auf Taf. III, Fig. 1 (2 u. 3), habe ich den Schädel eines 6 Wochen alten Kaninchens photographiren lassen[2]), an dem die längs der sutura temporo-parietalis

[1]) Virchow's Untersuchungen über die Entwicklung des Schädelgrundes S. 89.
[2]) Das Alter von 5—6 Wochen ist im Allgemeinen das geeignetste zur Tödtung der Kaninchen, denen die Halsschlagadern unterbunden wurden. Wartet man länger, so verliert sich immer mehr die Deutlichkeit

sinistra gelegenen Knochenränder atrophirt sind. Die linke Naht ist glatt und relativ gerad, die rechte gezackter und gebogener. Der Unterschied in den Längen der beiden Nähte ist indessen viel weniger auffallend, als er z. B. bei den Kranznähten unter derselben Voraussetzung gefunden wird. Der Vorgang ist verdeckter und die unter vermehrter Blutzufuhr erfolgende stärkere Entwicklung der Knochenbildungselemente tritt erst etwas weiter abwärts in der Orbita im Vorschieben des Schläfenbeins resp. der zwischen Schläfenbein und dem hinteren kleinen Keilbeinflügel sich befindenden Naht deutlicher zu Tage. Während der Ansatz des Processus zygomaticus des Schläfenbeins (von seiner Mitte aus gemessen) rechts nur 3,7 Mm. von dieser Naht entfernt ist, ist er links von dieser 5,5 Mm. entfernt. Dagegen ergibt die Messung [1]), dass die linke Kranznaht nur 9,5[2]) die rechte aber 10,7 Mm. lang und die Entfernung der oberen Wurzel des Proc. zygomat. von der Schläfenbein-Scheitelbein-Naht (in senkrechter Richtung auf die Naht) links 4 und rechts 6 Mm. gross ist. Der linke Proc. zygomat. steht höher (2 Mm.) und weiter nach hinten (3 Mm.) als der rechte. Der ganze Jochbogen links ist länger, misst 23,5 Mm. gegen 22 Mm. rechts. Der linke hintere kleine Keilbeinflügel, der gewissermassen in den durch Atrophie herbeigeführten Verkürzungsbezirk eingeschoben ist, ist verkürzt. (Höhendurchmesser des in der Orbita frei zu Tage tretenden linken Flügels 3,7 Mm., des rechten 4,5 Mm.) Das Verhältniss des Unterkiefers, dessen linker Gelenkfortsatz sich nicht unbedeutend verlängern und nach oben und hinten strecken musste, um in seiner Gelenkgrube zu verbleiben, kommt Taf. IV, Fig. 4 und Taf. VI, Fig. 16 zur Sprache.

Auf Taf. III, Fig. 4 (5 u. 6) ist ein Schädelchen mit Verkümmerung des Knochenrandwachsthums längs der rechten Kranznaht und in Fig. 7 (8 u. 9) ein solches mit ähnlichem Befunde längs der linken Kranznaht abgebildet.

Fig. 4 (5 u. 6). Länge der rechten Kranznaht 12 Mm.; Länge der linken Kranznaht 11 Mm.; Länge der rechten Schläfennaht 13,5 Mm; Länge der linken Schläfennaht 14,5. Entfernung der hinteren Incisur des Supraorbitalbogens von dem lateralen Winkel des Interparietalbeins rechts 20 Mm.; dieselbe Entfernung links 23 Mm.

Fig. 7 (8 u. 9). Länge der rechten Kranznaht 10,7 Mm.; Länge der linken Kranznaht 12 Mm.; Länge der rechten Schläfennaht 14,5 Mm.; Länge der linken Schläfennaht 12,5. Entfernung der hinteren Incisur des Supraorbitalbogens von dem lateralen Winkel des Interparietalbeins rechts [3]) 22,5 Mm.; dieselbe Entfernung links 18 Mm.

In beiden Präparaten zeigt die bezügliche Kranznaht fötale Form. Beide fötal geformten Kranznähte sind verlängert, die auf sie stossenden Schläfennähte sind

---

des ursprünglichen Verlaufes der Havers'schen Canälchen. Die ersten 5 Schädelchen (Taf. III u. IV) gehören alle diesem Alter an.

[1]) Alle Messungen wurden selbstverständlich an den Präparaten vorgenommen. Alle beziehen sich auf die Entfernung in gerader Linie. Für einzelne Fälle würden sich allerdings die mit dem Huschke'schen später von Schlagintweit reproduzirten Scalenrädchen mehr empfehlen.

[2]) Die Verkürzung trifft vorzugsweise den Temporaltheil der Kranznaht, resp. den Temporalvorsprung des Scheitelbeines.

[3]) Am Scheitelbeinschenkel dieses Winkels ist übrigens eine kleine Synostose.

verkürzt. Beide verkürzten Schläfennähte sind an ihrem Kranznahtende gezackter als die beiden der anderen Seiten. Das vermehrte Wachsthum an den reicher gezackten Stellen zeigt sich deutlich in der Verbreiterung der Temporalvorsprünge der Scheitelbeine. In der Schläfennahtzackung selbst, der stärkeren Zackung des hinteren Endes der Stirnnaht sowie der abweichenden Richtung der Zacken der Pfeilnaht manifestirt sich sehr schön die vermehrte Blutzufuhr und die mit ihr zusammenhängende Veränderung des Einfallswinkels der Blutgefässe. Alles stimmt vortrefflich[1]). Auf weitere Messungen an diesen Präparaten gehe ich nicht ein, obgleich ich schon hier die Bemerkung nicht unterdrücken will, dass sowohl die Verkürzungen wie die Compensationserweiterungen ganze Reihen mit allmäliger Abnahme und Zunahme darstellen.

Taf. IV, Fig. 1 (2 u. 3) zeigt zwar abermals eine Kranznaht (die linke) relativ fötal geformt und demgemäss eine Verkürzung der linken Schädelhälfte. Entfernung der hintern Incisur des Arcus supraorbitalis von dem lateralen Winkel des Os interparietale links 21 Mm.; dieselbe Entfernung rechts 23,5 Mm.; nichtsdestoweniger sind die beiden Kranznähte gleich lang. Länge der linken Kranznaht 11,5 Mm.; Länge der rechten Kranznaht 11,5 Mm..

Der Grund dieses anscheinend nicht stimmenden Befundes wird sofort klar, wie man die beiden Schläfennähte mit einander vergleicht. Nicht blos die linke Kranznaht, sondern auch die linke Schläfennaht erweist sich als fötal geformt. Längs der Knochenränder der Schläfennaht ging also ebenfalls eine Störung der Ernährung vor sich und diese hinderte nicht nur die sonst gewöhnliche compensatorische Wachsthumsvermehrung mit Verlängerung der Kranznaht, sondern kürzte auch die letztere um ein eben so langes Stück, als sie durch vermehrtes Wachsthum an der Pfeil- und Stirnnaht zugenommen hatte. Länge der linken Schläfennaht 13 Mm.; Länge der rechten Schläfennaht 14,7 Mm.; Entfernung der linken Incisur des Arcus supraorbitalis von dem lateralen Winkel des Os interparietale links 20,5 Mm.; dieselbe Entfernung rechts 23,5 Mm..

Wieder ein anderer instructiver Fall ist Taf. IV, Fig. 4 (5 u. 6) illustrirt. Bei ihm ist die rechte Kranznaht (das Temporalende) fötal formirt. Während aber im vorhergehenden die Längen der beiden Seitentheile der Kranznaht gleich waren, ist hier der Unterschied derselben, zumal wenn man die relative Geringfügigkeit der Störung berücksichtigt, ein auffallend grosser. Länge der rechten Kranznaht 12 Mm.; Länge der linken Kranznaht 10,5 Mm..

Auch hier löst sich der anscheinende Widerspruch sofort. Nicht die Schläfennaht derselben, sondern die der entgegengesetzten Seite ist glatter und gerader. Einerseits verlängert sich also die rechte Kranznaht durch vermehrtes Wachsthum längs der rechten (reich gezackten) Schläfennaht, andererseits verkürzt sich die linke Kranznaht durch vermindertes Wachsthum längs der linken Schläfennaht und der Erfolg ist demnach ein doppelter. Länge der rechten Schläfennaht 12 Mm.;

---

[1]) Leise Andeutungen entsprechender Aenderung in der Richtung der Zacken der linken Kranznaht lässt auch schon das Präparat zu Taf. III, Fig. 1 wahrnehmen, sie sind aber, wie so manche andere Feinheit, in der Abbildung verloren gegangen.

Länge der linken Schläfennaht 13,5. Entfernung der hinteren Incisur des Arcus supraorbitalis von dem lateralen Winkel des Os interparietale rechts 20,5 Mm.; dieselbe Entfernung links 22 Mm.. Das Präparat ist aber auch noch in anderer Beziehung interessant.

Der linke Processus zygomaticus steht höher und weiter nach hinten, der rechte tiefer und weiter nach vorn, als sie sollten. Die Entfernung der oberen Wurzel des Proc. zygomat. von der Schläfennaht beträgt rechts 5,5, links 3,8, die Entfernung des unteren Randes der fossa glenoidea von der Horizontalebene, auf die das Schädelchen (ohne Unterkiefer) gestellt worden war, rechts 11,5, links 13,5 Mm.. Das rechte Os zygomaticum hat eine Länge von 20,5, das linke eine von 22,5 Mm.. Die rechte Orbita hat einen verticalen Durchmesser von 15,3, einen horizontalen von 15,5, die linke Orbita einen verticalen Durchmesser von 14,2 und einen horizontalen von 19,5 Mm.. Der rechte hintere kleine Flügel des vorderen Keilbeines hat einen grössten verticalen Durchmesser von 5,2, der linke von 4 Mm.. — Die Angaben dürften genügen, um zu zeigen, wie tief die Vorgänge in die Configuration des ganzen Schädels eingreifen. Messungen der Bulbi oculorum sind etwas misslicher Natur. Nicht ganz unwahrscheinlich ist es, dass auch ihre Durchmesser kleinen Aenderungen unterliegen und Aufgabe der Ophthalmologen dürfte es sein, durch die Untersuchung der Refractionsverhältnisse in analogen Fällen menschlicher Difformität hierüber Gewissheit zu verschaffen. Den Unterkiefer zu Taf. IV, Fig. 4 habe ich Taf. VI, Fig. 16 photographiren lassen und bemerke dazu, dass der Unterkiefer des Schädels Taf. III, Fig. 1 in ähnlicher, nur nicht so ausgesprochener Weise verändert war. Die Entfernung des vorderen Randes der Nagezahnalveole vom hinteren Rande der Gelenkfläche des Processus condyloideus beträgt rechts 33,5, links 37 Mm.; der verticale Abstand der Mitte der Gelenkfläche von der Horizontalebene rechts 19, links 20,5 Mm.. Die Gelenkfläche des rechten Processus condyloideus ist tief nach abwärts gedrängt.

2. Verkürzungen mit Synostosen.

Zum Beweise, dass mit Synostosen einhergehende Verkürzungen die stärksten sind, können die Schädel auf Taf. V, Fig. 11 und Taf. VI, Fig. 1 (2 u. 3) dienen. Bei Taf. V, Fig. 11 (Synostose der rechten Kranznaht) beträgt die Entfernung der hintern Incisur des Supraorbitalbogens vom lateralen Winkel des Zwischenscheitelbeins rechts 19 und links 24,5 Mm.; dieselbe Entfernung bei Fig. 1, Taf. VI (Synostose der linken Kranznaht bei einem 22 Tage alten Kaninchen) links sogar nur 14,5 Mm., während sie rechts 20 Mm. ist. Die synostotische rechte Kranznaht (Taf. V, Fig. 11) ist 13, die linke 11,5, die linke synostotische Naht (Taf. VI, Fig. 1) 11,3, die rechte 10,5 Mm. lang. Die für den hohen Grad der Scoliose nicht sehr bedeutende Verlängerung der synostotischen Naht in Fig. 1, Taf. VI rührt wieder von einer Ernährungsstörung längs der linken Schläfennaht her, was sofort klar wird, wenn man auf Taf. VI, Fig. 2 u. 3 die beiden Schläfennähte, oder, da diese im Druck an Deutlichkeit verloren haben, die Abstände der Processus zygomatici von den Nähten miteinander vergleicht. Characteristisch ist auch wieder in Fig. 11 u. 1 die Zackenbildung der Stirn- und Pfeilnähte, sehr instructiv ferner in Fig. 11 die mechanische Retraction der Spina nasalis des Stirnbeins der verkürzten Seite).

Taf. V, Fig. 10 stellt die innere Ansicht der vorderen Hälfte des Schädels von Fig. 11 dar. Ich habe sie aus zwei Gründen aufnehmen lassen, von denen der erste weiter unten kurz besprochen werden soll, der zweite aber schon hier einen passenden Ort der Erörterung finden dürfte. Man vergleiche die grössten verticalen Durchmesser der beiden hintern kleinen Flügel des vorderen Keilbeins. Der rechte beträgt nur 7,5, der linke dagen 9 Mm.. Ein ähnliches Messungsresultat wurde schon für Fig. 4 der Taf. IV beigebracht und hätte auch für die Figuren 1, 4 u. 7 der Taf. III, sowie für die Fig. 1 der Taf. IV beigebracht werden können. Es ist eine secundäre Verkürzung, die uns in diesem Unterschiede der Durchmesser entgegentritt.

Schon Seite 15 bemerkte ich, dass jede Verkürzung des Schädels eine Reihe secundärer Verkürzungen nach sich zöge. Diese in jedem einzelnen Falle zu verfolgen, würde zu weit führen und auch mit zu grossen Schwierigkeiten verbunden sein. Hier nur möchte ich darauf aufmerksam machen, dass der Satz, es erfolge die Verkürzung (primäre) stets in einer auf die synostotische Naht senkrecht gerichteten Linie, nicht ohne Weiteres auch für die secundäre gilt. Schon bei den hintern kleinen Keilbeinflügeln traf er nicht zu. Man vergleiche aber auch Taf. III, Fig. 4 u. 7, Taf. IV, Fig. 1 u. 4, Taf. V, Fig. 11 und Taf. VI, Fig. 1. Die Hauptverkürzung liegt allerdings bei allen in der bezeichneten Richtung, aber nicht nur in ihren Längsdurchmessern, sondern auch in den Breitendurchmessern sind die bezüglichen Stirn- und Scheitelbeine verkürzt. Ich gebe in Folgendem eine Messung der Stirnbeine in der Quere. (Die hinteren Incisuren der Supraorbitalbogen wurden durch eine Linie verbunden und die beiden durch die Stirnnaht geschiedenen Theile dieser miteinander verglichen.)

Taf. III, Fig. 4. Fötale Gestaltung der rechten Kranznaht. Breite des rechten Stirnbeins 7 Mm.; Breite des linken Stirnbeins 7,5 Mm..

Taf. III, Fig. 7. Fötale Gestaltung der linken Kranznaht. Breite des linken Stirnbeins 6,5 Mm.; Breite des rechten Stirnbeins 7,5 Mm..

Taf. IV, Fig. 1. Fötale Gestaltung der linken Kranznaht und der linken Schläfennaht. Breite des linken Stirnbeins 7 Mm.; Breite des rechten Stirnbeins 7,5 Mm..

Taf. V, Fig. 4. Fötale Gestaltung der rechten Kranznaht und der linken Schläfennaht. Breite des rechten Stirnbeins 6,5 Mm.; Breite des linken Stirnbeins 7,3 Mm..

Taf. V, Fig. 11. Synostose der rechten Kranznaht. Breite des rechten Stirnbeins 7 Mm.; Breite des linken Stirnbeins 7,5 Mm..

Taf. VI, Fig. 1. Synostose der linken Kranznaht und fötale Gestaltung der linken Schläfennaht. Breite des linken Stirnbeins 6,5 Mm.; Breite des rechten Stirnbeins 7,2.

) Vergl. auch die Figuren 4 u. 7 der Taf. III, 1 u. 4 der Taf. V und Fig. 1 der Tafel VI mit derselben nur nicht so auffallenden Retraction. Ein analoger Vorgang zeigt sich am hinteren Rande der bezüglichen Scheitelbeine. Seine Folge ist das Vordrängen der zugehörigen Seite des Interparietalbeines, dem wieder die pars squamosa des Hinterhauptsbeines nachrückt.

Secundär kann also derselbe Knochen auch in der Richtung verkürzt sein, die der synostotischen Naht parallel verläuft.

Taf. IV, Fig. 7 sieht man eine Synostose des Anfanges der Pfeilnaht. Die Verkürzung der linken Schädelhälfte beruht auf einer Ernährungsstörung am Temporalende der entsprechenden Kranznaht, das daher auch verlängert ist und eine fötale Gestaltung erkennen lässt. Deutlich ist an der Stellung der Zacken der rechten Kranznaht das Abströmen des Blutes von der Pfeilnaht her wahrzunehmen. Links bleiben die Zacken gerade, weil von beiden Seiten, der Pfeilnaht und dem Temporalende der Kranznaht das Blut abströmte.

Taf. IV, Fig. 9 stellt eine Synostose der hinteren Hälfte der Pfeilnaht dar. Zur Vergleichung wurde ein normaler Schädel eines gleichalterigen und in seiner Grösse ziemlich gleich entwickelten Thieres (Fig. 8) benutzt. Die Abströmung des Blutes (Fig. 9) fand nach den Rändern der Kranznaht, der Schläfennähte und der Scheitelbein-Zwischenscheitelbeinnähte statt, die deshalb alle, (so insbesondere auch die Temporalenden der Kranznaht) sehr reich gezackt sind. Die Pfeilnaht ist verlängert, die Kranznaht verkürzt.

Länge der Pfeilnaht in Fig. 8 15 Mm.; Länge der Pfeilnaht in Fig. 9 16,5 Mm.. Länge der Kranznaht in Fig. 8 21 Mm.; Länge der Kranznaht in Fig. 9 19,5 Mm..

In der Fig. 2 auf Taf. V sieht man, wie die Verkürzung der Sehne und in Fig. 4 derselben Tafel, wie die Verlängerung des Bogens eine steilere Wölbung des Schädels herbeigeführt haben. Taf. V, Fig. 2 u. 4 gehören zu Taf. IV, Fig. 9, Taf. V, Fig. 1 u. 3 zu Taf. IV, Fig. 8.

Die Abbildung Taf. V, Fig. 9 ist einem erwachsenen Schädel mit fast vollständiger Synostose der Pfeilnaht entnommen. Auch in ihr tritt eine reichere Zackung der bezüglichen Nähte, insbesondere auch wieder der Temporalenden der Kranznaht zu Tage. Die Scheitelbein-Zwischenscheitelbeinnaht ist jedoch synostotisch.

Taf. V, Fig. 6 u. 8 gehören einem Schädel mit partieller Synostose der Stirnnaht an. Zur Vergleichung dienen Fig. 5 u. 7.

Entfernung der beiden hinteren Incisuren des Supraorbitalbogens von einander bei Fig. 5 12 Mm.; dieselbe Entfernung bei Fig. 6 11 Mm..

In sehr instructiver Weise zeigt Fig. 8 im Gegenhalte zu der normalen Fig. 7, wie die compensirende Erweiterung sich durchaus nicht „in der Richtung der synostotischen Naht" erschöpft.

Verticaler Abstand des unteren Randes des Keilbeinkörpers von dem Scheitel der Kranznaht in Fig. 7 16 Mm.; derselbe Abstand in Fig. 8 17 Mm.. Verticaler Durchmesser des hintern kleinen Keilbeinflügels in Fig. 7 7,8 Mm.; derselbe Durchmesser in Fig. 8 8,5 Mm.. Dasselbe Verhalten hätte sich auch schon bei Taf. V, Fig. 2 u. 4 im Gegensatze zu Fig. 1 u. 3 nachweisen lassen.

Verticaler Abstand des Ursprungs der Lamina lateralis des Processus pterygoideus von der Höhe des Scheitelbeinbogens in Fig. 3 19,5 Mm.; derselbe Abstand in Fig. 4 21 Mm..

Den Schluss der ziemlich langen Reihe bilden Taf. VI, Fig. 6 u. 7 (zur Vergleichung 4 u. 5). Ich habe sie photographiren lassen, weil die prämature Synostose der Naht zwischen Schuppen- und Gelenk-Theil des Hinterhauptsbeines bei Kaninchen sehr selten zu sein scheint. Die Verkürzung tritt auch bei ihr deutlich hervor.

Cap. 9.

Unterbindung der Jugularvenen. Synostosen ohne Verkürzung.

Dass die fötal geformte Naht nur eine Vorstufe der synostotischen ist, unterliegt keinem Zweifel, aber dieses Verhältniss ist für die Frage, um die es sich zunächst handelt, gleichgiltig und der Accent bleibt darauf liegen, dass es Verkürzungen ohne Synostosen gibt. Wichtiger noch als diese Verkürzungen ohne Synostosen sind für die Beurtheilung der Bedeutung der Nähte die Synostosen ohne Verkürzung. Sie wurden gewonnen durch zwei bis drei Tage nach der Geburt der Thiere vorgenommene Unterbindung der Halsvenen, der Venae jugulares externae und internae. Den Hautschnitt macht man, wie bei der Unterbindung der Carotiden, nimmt die Unterbindung der äusseren Venen (unterhalb der Bifurcation) mit einiger Vorsicht vor, da sie sehr verletzlich sind, entfernt das Fett, dringt zur Vena jugularis interna vor, isolirt sie von Carotis und Vagus und umgeht sie dann mit dem stumpfen Ende der Nähnadel in derselben Weise, wie es bei der Carotidenunterbindung angegeben wurde. Sehr leicht ist die Unterbindung der inneren Halsvenen gerade nicht, doch kommt dem Operirenden zu Statten, dass die Gefässe trotz ihrer Feinheit sehr elastisch und widerstandsfähig sind. Der Collateralkreislauf stellt sich durch die rechts- und linksseitige Vena vertebralis, durch kleine äussere Halsvenen, vorzugsweise aber durch die Vena vertebralis mediana her.

Taf. IV, Fig, 8 u. 9 sind zwei Schädelchen so behandelter Kaninchen abgebildet. Beide Pfeilnähte sind relativ glatt, die in Fig. 8 lässt keine, die in Fig. 9 dagegen nach hinten zu eine grosse Anzahl kleiner synostotischer Brücken (13) wahrnehmen. Bei genauerer Betrachtung sieht man ferner, dass die Havers'schen Canälchen sich von der Pfeilnaht nicht abgewendet haben, dass sie aber auch nicht strahlig sind, sondern mehr punktförmig erscheinen und durch die Brücken hindurch setzen. Auf Taf. I, Fig. 11 ist ihr Verhalten zwar etwas plump, aber doch im Wesentlichen richtig in halbmaliger Vergrösserung wiedergegeben. Vergegenwärtigt man sich, wie gross der Effect nach Obliteration des hinteren Theiles der Pfeilnaht in Fig. 9 der Taf. IV war, so wird man keinen Anstoss an der Behauptung nehmen, dass an den Schädeln 8 u. 9 der Taf. VI eine Verkürzung nicht vorhanden, wenigstens nicht nachzuweisen ist. Die Schädel wurden auch gemessen und ist auch das Ergebniss der Messung ein solches, dass eine Abweichung vom Normalmaasse nicht constatirt werden kann.

Entfernung des vorderen Randes der Nagezahnalveolen von der Protuberantia occipitalis externa bei Fig. 8 50,5 Mm., dieselbe Entfernung bei Fig. 9 50 Mm.; grösster Querdurchmesser bei Fig. 8 24,5, grösster Querdurchmesser bei Fig. 9 24,5 Mm.. Allerdings gelingt es nur selten, so charakteristische Präparate, wie das in Fig. 9, sich zu verschaffen, auch ist der Vorgang, durch den diese besondere Art von Synostosen eingeleitet wird, noch nicht so klar, wie der bei der Unterbindung der Art. carot. comm.. Sicher scheint zu sein, dass eine Necrobiose durch denselben nicht herbeigeführt wird. Träte diese ein, so würden sofort Verkürzung der von ihr befallenen Knochen und das bekannte Abströmen des Blutes nach den erhaltenen Randbezirken folgen; dennoch merkt man an einer den Nähten parallel laufenden sich mehre Wochen nach der Operation erhaltenden Abflachung[1]) der unterdessen gewachsenen Ränder, dass die Ernährung keine vollkommen genügende war, kann auch leicht constatiren, dass durch die Unterbindung, wie bereits bemerkt, die Havers'schen Canälchen in eine gewisse Verwirrung gerathen, ihre strahlige Richtung verlieren, unregelmässig sich weiter entwickeln und hierdurch bewirken, dass die bezügliche Naht in ganz ungewöhnlicher Weise glatt sich gestaltet. Mir hat sich wiederholt die Vermuthung aufgedrängt, dass durch den in Folge der vermehrten Widerstände erhöhten Blutdruck (die Thierchen werden sichtlich cyanotisch nach der Operation) einzelne Gefässe durch den Nahtknorpel gewissermassen hindurch getrieben werden und so die brückenförmigen Synostosen sich bilden. Ein einziges Schädelchen liegt mir vor, bei dem nach Unterbindung der Carotiden eine ähnliche Zackenlosigkeit der Pfeilnaht mit kurzen fast punktförmigen Havers'schen Canälchen sich ausbildete. Ich habe dasselbe Taf. VI, Fig. 11 darstellen lassen, aber durch die Presse sind alle Feinheiten der ursprünglichen Photographie platt und todt gedrückt worden. Noch ein anderes Schädelchen findet sich auf Taf. VI, Fig. 10 vor, welches von einem neugebornen Kaninchen stammt, an dem gar keine Operation vorgenommen wurde. Dasselbe zeigt wie Taf. VI, Fig. 9 eine brückenförmige grössere Synostose in der Mitte der Pfeilnaht ohne sicher zu constatirende Verkürzung und jedenfalls ohne die sonst gewöhnliche Abweichung der Havers'schen Canälchen. Auf Taf. I, Fig. 12 ist es in doppelter Grösse gezeichnet. Kein Anhaltspunkt lässt sich auffinden für die Aufklärung der Entstehung dieser Anomalie. Sowohl bei dem Schädelchen Taf. VI, Fig. 10 als bei dem Taf. VI, Fig. 9 sind die Synostosen an dem cerebralen Rande der Pfeilnaht weniger ausgebildet als an dem äusseren, was nicht mit der Fick'schen Angabe stimmt, dass die Verschmelzung der Kopfnähte[2]) immer und unter allen Umständen von der innern Fläche des Schädels anfängt und nach der äusseren Seite fortschreitet und niemals umgekehrt.

Cap. 10.
Hemmung und Stauung des Wachsthums an den Nähten.

Durch das bisher Mitgetheilte dürfte nachgewiesen sein, dass von den Nähten aus das Wachsthum der Knochen nicht erfolge, aber man kann noch weiter gehen und den Satz aufstellen, dass an ihnen eine leise Hemmung und unter Umständen eine Stauung des Wachsthums stattfindet. Hiefür sprechen Beobachtungen, nach denen bei (im Verhältniss zur Hirnentwicklung) übermässigen Wachsthum des Schädels an der Pfeilnaht eine Leiste sich ausbildet, (Taf. I, Fig. 14) auch solche, nach denen bei eingetretenem Missverhältnisse im Wachsthum zweier aneinander stossender Knochen-

---

[1]) Sie wird auch bei der Carotidenunterbindung nicht selten vorgefunden.
[2]) Neue Untersuchungen über die Knochenformen S. 22.

platten die stärker wachsende gewissermassen überströmt (Taf. III, Fig. 7 das rechte Scheitelbein), hiefür spricht endlich eine Reihe von Experimenten, durch die nachgewiesen wird, dass, wenn man einem Wachsthumsbezirke durch theilweise oder gänzliche Fortnahme seines Grenznachbars mehr Raum schafft, er in diesen hinein zu wachsen pflegt.

Auf VII, Fig. 6 ist ein Kaninchenschädel abgebildet, bei dem bald nach der Geburt des Thieres von der Pfeilnaht aus ein kleines Dreieck aus dem rechten Scheitelbeine herausgeschnitten wurde. Das linke Scheitelbein wuchs hinein in die Lücke. Ich habe dieses einfache und leichte Experiment vielfach variirt, die Pfeilnaht erhalten, mit fortgenommen, die Dura mater erhalten, mit fortgenommen, ohne dass es mir klar geworden ist, warum es so oft misslingt. Viel sicherer schlagen die folgenden Versuche ein

Bei den Schädeln Taf. VII, Fig. 2 u. 5 wurde im Zusammenhange mit äusserem und innerem Perioste ein Streifen aus beiden Scheitelbeinen herausgeschnitten und hiedurch veranlasst, dass die Stirnbeine (in Fig. 2 auch die entsprechende Seite des Interparietalbeins) sich in deutlich ausgesprochener Weise gegen die Lücken vorschoben. Ein ähnliches Verhalten zeigen nach Bildung einer mehr oder weniger grossen Spalte die Interparietalbeine auf Taf. VII, Fig. 1 u. 3, das Parietalbein in Fig. 4 und das Interparietalbein auf Taf. X, Fig. 4.

Wenn man nach behutsamer Durchschneidung sämmtlicher Nähte des Os interparietale dieses herausnimmt, was sich leicht und hübsch macht, so wachsen Scheitelbeine und Hinterhauptsbein über ihre ursprünglich angelegten Grenzen hinaus und schliessen die Oeffnung. Auf Taf. VII, Fig. 7 u. 8 überzeugt man sich davon an zwei vollständig gelungenen Präparaten.

Ohne diese Disposition der einzelnen Schädelknochen, über ihre Grenzen hinaus zu wachsen, würde auch die Erklärung der Compensationserweiterungen, die sich, wie nachgewiesen wurde, über den ganzen, ausserhalb des Bereiches der erzwungenen Verkürzung gelegenen Schädel (normale Hirnentwicklung vorausgesetzt) erstrecken, auf nicht ganz leicht zu überwindende Schwierigkeiten stossen. Eine sehr hübsche Concurrenz des eigenen Wachsthums der Stirn- und Scheitel-Beine mit den vermehrten Widerständen von Seite eines ungewöhnlichen Nachbars sieht man an den Zwischenknochen führenden Schädeln auf Taf. II, Fig. 1, 3, 7 u. 10.

Cap. 11.

Wachsthum der Schädelknochen, ausgehend vom äusseren und inneren Perioste.

Von den sog. Kernen (Ossificationspunkten) geht das Wachsthum der Knochen des Schädelgewölbes aus. Sie wachsen weiter an ihren Rändern durch Proliferation der Bildungselemente. Sie wachsen aber auch an ihren Flächen und zwar an beiden. Sie wachsen endlich interstitiell und zwar um so intensiver, je näher ihren Rändern, höchst wahrscheinlich auch, je näher ihren Flächen.

Dass die Knochen der Schädeldecke vom äusseren und inneren Perioste aus wachsen, lässt sich leicht nachweisen. Bei einem neugebornen Kaninchen löst man nach Führung zweier die ganze Länge beispielsweise der Pfeilnaht zwischen sich nehmender, jederseits 2 Mm. von der Naht sich fern haltender Schnitte den 4 Mm. breiten Pericraniumstreifen ab, kann auch vorsichtshalber die freigelegte Knochenstelle noch recht behutsam mit dem Messer abschaben. Tödtet man nach ungefähr 6 Wochen, oder auch später, das Thier, so findet man eine der Breite des abgetragenen Pericranium und dem Alter des operirten Kaninchens entsprechend mehr oder weniger breite flache Vertiefung an der äussern Fläche des Schädelgewölbes, die bis zur Diploë eindringt, die innere Tafel dagegen durchaus normal. In einigen Präparaten hat auch die Diploë gelitten, die nunmehr in die Thalwand einmündet. Für die Photographie sind die Objecte zu fein.

Wollte man diesen Befund mit Ausschluss jeder weiteren Beobachtung urgiren, so läge die Annahme nahe, dass äusseres und inneres Periost gleichmässig zur Bildung der Knochen beitrügen, die Thatsache aber, die bisher noch nicht hervorgehoben wurde, dass gezackte Nähte an der cerebralen Fläche ihrer Knochen viel weniger Zacken besitzen, als an der äussern, die Thatsache ferner, die bereits berührt wurde, dass bei den durch Unterbindung der Halsvenen herbeigeführten brückenförmigen Synostosen die Synostosen an der inneren Schädelfläche sich viel weniger entwickelt zeigen, als an der äussern, diese beiden Thatsachen[1]) deuten darauf hin, dass vielleicht doch an der äusseren Fläche das Wachsthum ein lebhafteres ist. Nicht dagegen kann ich mich dazu entschliessen, unter gewöhnlichen Verhältnissen eine Resorption der inneren Knochenlagen zur Adaptation an das nicht blos wachsende, sondern auch in seiner Form sich umgestaltende Gehirn anzunehmen. Ich erinnere an die Vorgänge in den Knochen der Schädeldecke nach Unterbindung der Carotiden und werde im weiteren Verlaufe noch ganz andere Beispiele beibringen, die in einer Weise für die Geschmeidigkeit und Gefügigkeit, für die innerlich bedingte Adaptationsfähigkeit der Knochen Zeugniss ablegen, die jede derartige Resorption ganzer Lagen durchaus unnöthig erscheinen lässt. Dass unter ungewöhnlichen Verhältnissen, zumal bei mehr erwachsenen Schädeln, eine solche Resorption eintreten könne und möge, stelle ich damit nicht in Abrede (vergl. übrigens Lucä a. a. O. S. 7).

Nicht ganz klar ist mir der Grund geworden, aus dem man nach Abtragung des Pericranium im Bereiche gezackter Nähte bei schon älteren Schädeln diese Nähte (drei Präparate von Kranznähten liegen mir vor) in ganz auffallender Weise reich und complicirt gezackt vorfindet. Ob bei der Wegnahme des Pericranium an den Grenzen der Nähte durch festere Adhärenz mehr Bildungselemente erhalten blieben, die nach der Operation gewissermassen compensirend wuchernd dieses Resultat herbeiführten? Dafür spräche auch die Prominenz der Nahtwindungen über das Niveau des Knochenthales, die sich jedesmal zeigte.

---

[1]) Eine dritte werde ich später noch beibringen.

Cap. 12.

Interstitielles Wachsthum.

Noch leichter ist der Nachweis, dass die Knochen in der angedeuteten Weise interstitiell wachsen. Die Beweismethode ist zierlich und durchaus überzeugend. Mit schwebender dreieckiger nicht zu feiner Stahlspitze werden durch Drehung um die Achse kleine, kreisrunde Marken durch die Schädelchen neugeborener Thierchen gebohrt, selbstverständlich indem man dafür sorgt, dass die Spitze nicht in's Hirn fährt. Länger als 6 Wochen mit der Tödtung der Kaninchen zu warten, ist nicht rathsam; bis dahin aber erhalten sich die Marken mit nur seltener Ausnahme ganz ausgezeichnet. Auf Taf. VII, Fig. 9 habe ich ein Schädelchen mit 4 Marken photographiren lassen, damit man sich von der Reinlichkeit und Genauigkeit der Markirmethode eine klare und bestimmte Vorstellung machen kann.

Vier Kaninchen, drei Tage alt, gut genährt nnd von der Alten überhaupt gut besorgt, wurden bei einer Länge der Pfeilnaht von 11 Mm. so markirt, dass in einer der Pfeilnaht parallelen, 3,5 Mm. von ihr entfernten Linie 4 Punkte eingebohrt wurden, von denen der vorderste a und hinterste b 8 Mm., die beiden mittleren c und d 4 Mm. von einander entfernt waren. Nach 3 Wochen wurden die Thierchen getödtet und die folgenden Maasse erhoben.

Nro.	Länge der Pfeilnaht.	Entfernung von a u. b.	Entfernung von c u. d.
1	14 Mm.	10 Mm.	4,5 Mm.
2	14 Mm.	10 Mm.	4,5 Mm.
3	14,7 Mm.	10,5 Mm.	4,7 Mm.
4	15,2 Mm.	10,5 Mm.	Marke undeutlich.

Drei Kaninchen, 3 Tage alt, gut genährt, wurden bei nahezu gleicher Länge der Pfeilnaht in derselben Weise markirt, nur dass die Markirlinie in die Mitte des Scheitelbeines (ungefähr 5 Mm. entfernt von der Sagittalnaht) verlegt wurde. Die Tödtung erfolgte nach 3 Wochen. Der Befund ist im Wesentlichen gleich dem der vorigen Reihe.

Bei zwei 3 Tage alten, gut genährten Kaninchen wurden auf jedem rechten Scheitelbeine 4 Marken, jede Marke 1 Mm. von der bezüglichen Naht entfernt, über's Kreuz in den beiden Mittellinien angebracht, a und b in sagittaler, c und d in frontaler Richtung. Die Entfernung von a und b unmittelbar nach der Markirung betrug bei Nro. 1 9,5 von c und d 8,7, bei Nro. 2 9,3 und 8,5 Mm.. Getödtet wurden die Thiere nach 3 Wochen.

Nro.	Entfernung von a und b.	Entfernung von c und d.
1	11,7 Mm.	9,8 Mm.
2	12 Mm.	10 Mm.

Bei denselben Kaninchen waren auf jedem linken Scheitelbeine ebenfalls 4 Marken kreuzweise um den Mittelpunkt des Scheitelbeins in denselben Linien wie auf dem rechten eingebohrt worden. Die Entfernungen betrugen überall 4 Mm., nach der Tödtung 4,5 bis 4,6 Mm.

Sieben Kaninchen von einem und demselben Wurfe wurden markirt, als sie 2—3 Tage alt waren. Die Länge der Pfeilnaht betrug 10,5—11, die grösste Breite des Scheitelbeins gegen 9 Mm.. Ausgegangen wurde von der Mitte der Pfeilnaht und bei jedem Thierchen 2 Mm. entfernt von dieser Naht und ihr parallel die Bohrung von 2 Marken vorgenommen. Die Entfernung der beiden Marken von einander betrug bei Nro. 1 6, bei Nro. 2 7, bei Nro. 3 7, bei Nro. 4 7, bei Nro. 5 8, bei Nro. 6 8, bei Nro. 7 9 Mm..

Die Alte ging nach 8 Tagen zu Grunde, weshalb die Jungen getödtet werden mussten. Die abermalige Messung des Abstandes der beiden Marken ergab bei Nro. 1 6,5. bei Nro. 2 7,5, bei Nro. 3 7,6, bei Nro. 4 7,8, bei Nro. 5 9,3, bei Nro. 6 9,3, bei Nro. 7 10,7 Mm.

Bei zweien von diesen Kaninchen wurde auch noch das Scheitelbein der andern Seite der Quere nach markirt (in der Mittellinie). Die ursprünglich 7 Mm. von einander entfernten Marken waren nach 8 Tagen auf 7,5 Mm. auseinander gerückt.

Die mitgetheilten Reihen werden genügen, um den Beweis zu führen, dass die Knochen interstitiell wachsen und dass das interstitielle Wachsthum um so grösser ist, je näher dem Rande es vor sich geht.

Die Markirmethode lässt sich aber auch noch anderweitig verwerthen. Man kann sie benutzen, um über das Verhältniss der Leistungen des Randwachsthums längs der verschiedenen Nähte mit Berücksichtigung sowohl der Lage der Naht als ihrer besonderen Beschaffenheit (ob einfache, gezackte oder schuppenförmige), dann aber auch des Alters in's Klare zu kommen. Eine solche Untersuchung müsste jedoch methodisch durchgeführt werden. Was ich hier bieten kann, sind nur die ersten Anfänge einer solchen.

Ein Kaninchen wurde 2 Tage nach der Geburt markirt.

1.) Zwei Marken wurden gebohrt neben der Stirnnaht, jede gleich weit entfernt von der Stirnnaht, 2 Mm. vor der Kranznaht.

2.) Zwei Marken neben der Pfeilnaht (an ihrer Mitte), jede gleich weit von der Pfeilnaht.

3.) Zwei Marken neben der Kranznaht (an ihrer Mitte), jede gleich weit von dieser Naht.

Die Entfernung von je zwei Marken betrug 3 Mm. Nach 18 Tagen wurde das Kaninchen getödtet. Die Marken an der Stirnnaht sind 4,5, die an der Pfeilnaht nahezu 5, die an der Kranznaht 5,5 Mm. von einander entfernt.

Bei einem andern Kaninchen, das 3 Tage alt war, wurden die Marken in folgender Weise angebracht.

1.) Zwei Marken neben der Stirnnaht, wie beim ersten Kaninchen.

2.) Zwei Marken neben der Pfeilnaht, 2 Mm. entfernt von der Kranznaht.

3.) Zwei Marken neben der Pfeilnaht, 2 Mm. entfernt von der Interparietalnaht.

Je zwei Marken waren 4 Mm. von einander entfernt. Die Tödtung erfolgte nach 26 Tagen und betrug der Abstand der beiden Stirnbeinmarken jetzt 5,2, der der vordern Scheitelbeinmarken 6,3, der der hintern Scheitelbeinmarken 6 Mm..

Bei einem 2—3 Tage alten Kaninchen wurde neben Stirn- und Kranznaht wie beim ersten Kaninchen markirt und das Thier nach acht Wochen getödtet. Die Entfernung der Stirnnahtmarken betrug 5,3, die der Kranznahtmarken 7,2 Mm.

Dieselbe Operation wurde an zwei anderen Kaninchen von demselben Alter vorgenommen. Auch sie wurden erst nach 8 Wochen getödtet und ergab die Messung für die Stirnnahtmarken bei Nro. 1 4,7, bei Nro. 2 4,2, für die Kranznahtmarken bei Nro. 1 6,7, bei Nro.·2 6 Mm.. Die Thiere waren weniger kräftig entwickelt.

Bei einem 2 Tage alten Kaninchen, das von seiner Alten gut gepflegt wurde, nahm ich eine doppelte Markirung neben der Kranznaht vor. Die beiden ersten Marken wurden in der Nähe der Pfeil-, bez. Stirn-Naht, die beiden andern in der Nähe der Schläfennaht angebracht. Am Temporalende der Kranznaht befindet sich bekanntlich eine Schuppe. Nach 9 Tagen Tödtung. Entfernung der medialen Marken von einander 4,8, der lateralen 4,6 Mm.. Ursprüngliche Entfernung 3 Mm..

Ein zweites, ganz ebenso markirtes Kaninchen liess ich 2 Monate am Leben. Entfernung der medialen Marken 6,3, der lateralen 6 Mm.

Die Unterschiede in den zwei Markenpaaren der beiden letzten Versuche sind so unbedeutend, dass sie keine Entscheidung darüber erlauben, ob an den Schuppen, wie Welcker (a. a. O. S. 3) behauptet, das Knochenwachsthum geringer sei, als an den anderen Nähten, was aber ziemlich sicher aus den anderen Versuchen hervorgeht, ist,

1.) dass das Randwachsthum in der Kindheit am ausgiebigsten von Statten geht,

2.) dass es stärker an der Kranznaht, schwächer an der Pfeilnaht, am schwächsten an der Stirnnaht ist,

3.) dass das Randwachsthum an der Stirnnaht nach der vierten Woche auf ein Minimum sich reduzirt.

Bei Marken 7—8 Wochen alter Schädel sieht man sehr häufig eine eigenthümliche Veränderung. Sie besteht darin, dass, während an der innern Schädelfläche die rundliche Form der Marken sich erhalten, diese an der äusseren in ein mit der Spitze gegen die bezügliche Naht vorschiebendes Dreieck sich verwandelt hat. Diese Beobachtung ist es, die ich Cap. II, S. 24 bei der Anmerkung im Auge hatte.

Die Constatirung des interstitiellen Wachsthums in die Dicke ist selbstredend durch die Markirmethode nicht möglich.

Zum Schlusse dieses Abschnittes bemerke ich noch, dass Versuche, mittelst feiner, fast bis zum Glühen erhitzter Nadeln entzündliche Störungen an den Knochenrändern der Schädel neugeborner Thiere herbeizuführen, bis jetzt nicht gelungen sind, dass sie aber, sobald es meine Zeit erlaubt, wieder aufgenommen werden sollen.

II. Abschnitt.

Wachsthumsvorgänge, die durch Einwirkungen von aussen bestimmt werden.

Die von aussen an das Wachsthum des Schädels herantretenden Momente sind verwickelt und tief ineinander greifend, auch so zahlreich, dass es einerseits schwer fällt, einzelne von ihnen aus ihrem Zusammenhange mit den übrigen heraus zu nehmen und gesondert für sich zu behandeln, andererseits es kaum möglich ist, in nur einigermassen erschöpfender Weise auf alle einzugehen. Am meisten in Betracht kommen das Gehirn, die Sinnesorgane, die Muskeln und die Zähne. Die Schwere, die vorzugsweise dem Gehirne zugehört, ist das verdeckteste, auch aus dem Grunde für das Experiment unzugänglichste Moment, weil man nicht im Stande ist, Thiere auf die Dauer in einer und derselben Lage zu erhalten. Von der Schwere wird daher auch im weiteren Verlaufe keine Rede mehr sein und nur um wenigstens an der Hand eines concreten Falles eine bestimmtere Vorstellung über ihren Einfluss auf die Configuration des Schädels zu ermöglichen, erwähne ich hier einen im Besitze des Herrn Professors Eberth in Zürich sich befindenden Schädel eines Kindes. Das bezügliche Kind litt an Hydrocephalus mässigen Grades und war durch ein bis auf die Knochen übergreifendes Geschwür der linken Kopfseite gezwungen, beständig auf der rechten Seite zu liegen. Folge dieser Lage war eine sehr ausgesprochene Asymmetrie und zwar, was hervorgehoben werden muss, mit vollständiger Erhaltung der Suturen. Gedrückt durch den Widerstand der Unterlage, ist die ganze rechtsseitige Schädelhälfte in der Richtung ihres Querdurchmessers verkürzt, verlängert dagegen der das rechte Stirnbein und die linke Hinterhauptshälfte verbindende diagonale Durchmesser. Wie asymmetrisch aber auch das Schädelchen erscheint, wenn man es so hält, dass sein Längsdurchmesser eine Senkrechte bildet, so annähernd symmetrisch wird der Anblick, wenn man den genannten diagonalen Durchmesser in eine horizontale Lage bringt. Um diesen bildet alsdann der grösste Schädelumfang ein fast regelmässiges, nur nach unten hin etwas abgeflachtes Oval und sofort erkennt man in dieser Form die Wirkung der während des Lebens möglichst in ihre Gleichgewichtslage gerückten Hirnmasse.

Cap. 1.

Gegenseitige Abhängigkeit des Hirnwachsthums und Schädelwachsthums. Angriffe auf das Gehirn.

Ueber das Verhältniss des Gehirnwachsthums zum Schädelwachsthum haben sich im Grossen und Ganzen drei Ansichten gebildet. Nicht das Gehirn, sagt z. B. Engel[1]), bildet sich sein Schädelgehäuse, sondern das Gehäuse entwickelt sich unter

[1]) Engel, Untersuchungen über Schädelformen S. 123.

dem Einflusse einer mechanischen Nothwendigkeit und das Gehirn schmiegt sich in die Schädelform. Dieser Ansicht diametral entgegengesetzt ist die zweite, vertreten unter andern durch Ludwig Fick[1] in seinen werthvollen Experimentaluntersuchungen über Knochenformen, nach der, so weit nicht ausserhalb des Organismus liegende Gewalten es hindern, das Hirn seine Kapsel und nicht die Kapsel das Hirn formt. Virchow[2] sagt: Es kann nicht zweifelhaft sein, dass es sich um ein Wechselverhältniss handelt und dass nicht etwa einseitig das Gehirn das Knochenwachsthum bestimmt oder umgekehrt. Der Einfluss, den beide Theile aufeinander ausüben, muss offenbar ein doppelter sein, ein mechanischer und ein organischer, wobei wir jedoch nicht verkennen können, dass der letztere hauptsächlich dem Gehirne zukommt, während der andere beiden Theilen in hohem Grade zuzuschreiben ist. Nach Lucä[3] bedingen Gehirn und Schädel in ihren Formen sich gegenseitig, in beiden ist Ursache und Wirkung und auch Welcker[4] lässt die umschliessenden und umschlossenen Theile miteinander wachsen.

Klar ist, dass das wachsende Hirn an seiner Kapsel, wenn diese nicht vor ihm ausweicht, einen grösseren Widerstand finden muss. Die vom Gehirn ausgehende Spannung ist eine allgemein excentrische. Neben dieser allgemeinen machen sich aber, worauf schon Fick[5] hinwies und was durch Präparate gleich demonstrirt werden soll, auch locale Spannungen geltend, abhängig vom vermehrten Wachsthume einzelner Hirntheile. Für den Erfolg sind dann ausserdem noch massgebend die Modificationen der Widerstände.

Auf die ausserordentliche Ausdehnung des menschlichen Schädels in Folge von infantilem Hydrocephalus braucht nur hingedeutet zu werden. Eine verhältnissmässig ebenfalls sehr bedeutende Erweiterung des Kaninchenschädels wurde bei einem jungen Thiere durch Encephalitis herbeigeführt. Auf der Höhe der tödtlich verlaufenen Krankheit wurde ein förmliches Bewegungsirresein, eine solche Fülle die deutlich intendirten Bewegungen störender, kreuzender und hemmender Coordinationsanomalien beobachtet, wie sie zahlreicher und complicirter mir niemals entgegengetreten sind. Auf Taf. VIII, Fig. 1 und 2 ist das Schädelchen von oben und unten photographirt. Dem Thiere war die Pfeilnaht in zu grossem Umfange ausgeschnitten worden und statt einer neuen Naht hatte sich eine Spalte gebildet. Bis zur vierten Woche gingen Wachsthum und Functionirung ohne weitere Störung vor sich, dann trafen schädliche Einwirkungen das ungeschützt liegende Gehirn und es entwickelte sich nach und nach die Encephalitis. Auf Taf. XI, Fig. 9 ist ein Kaninchen von demselben Wurfe und demselben Alter abgebildet, bei dem ebenfalls die Excision der Pfeilnaht verunglückte und eine Spalte, aber keine Hirnentzündung sich ausgebildet hatte. Das Präparat wird noch zu anderweitiger Verwerthung kommen, ist aber zur vergleichenden Messung sehr wohl geeignet.

[1] Ludwig Fick, Neue Untersuchungen über die Ursachen der Knochenformen S. 28.
[2] R. Virchow, Untersuchungen über die Entwicklung des Schädelgrundes S. 90.
[3] Lucä, Architectur des Menschenschädels.
[4] Welcker a. a. O S. 20.
[5] Fick, Neue Untersuchungen S. 24.

Grösster Querdurchmesser von Taf. VIII, Fig. 1 29,5 Mm.. Grösster Querdurchmesser von Taf. XI, Fig. 9 25 Mm..

An der Basis Taf. VIII, Fig. 2 ist der sonst dickere und poröse Theil der grossen Keilbeinflügel papierdünn zusammengedrückt. Gesichtsschädel und Unterkiefer, Alles hat sich drücken und fügen müssen. Den Vorgang bis in seine letzten Einzelheiten zu verfolgen, ist vor der Hand unmöglich. Von Interesse sind noch die grossen dünnen Zacken am Stirnbein und am Interparietalbein. Sie sind eine bekannte Erscheinung bei übermässig ausgedehnten Hirnkapseln. Die Randbezirke längs der Kranznaht sind in Folge der Spaltenbildung weniger zur Contribution herangezogen worden.

Das Gegenstück zu der eben besprochenen Beobachtung bildet das schon früher erwähnte Experiment mit Abtragung des oberen Theils der beiden Grosshirnhemisphären. Nach der Abtragung findet man beim mehr erwachsenen Thiere ein nach allen Richtungen abgeflachtes und verkürztes Schädelgewölbe. Man vergleiche Taf. VIII. Fig. 3 und die unteren Profilaufnahmen in Fig. 5 u. 6 mit Fig. 4 und den oberen Profilaufnahmen in Fig. 5 u. 6. Dass an den Nähten trotz des längere Zeit verminderten Hirndruckes die Zacken sich vollkommen ausbildeten, wurde bei einer anderen Gelegenheit bereits betont. Von Obliteration derselben ist keine Spur vorhanden.

Wie also der Schädel durch vermehrten, von seinem Contentum ausgehenden Druck über seine Norm ausgedehnt wird, so bleibt er durch verminderten unter dieser zurück.

Dem Versuche mit Abtragung der beiden Hemisphären wird man vielleicht entgegenhalten, dass er nicht rein sei, dass er neben der Verminderung des Hirndruckes eine bedeutende Schädelverletzung in sich schliesse. Die Erfahrung lehrt zwar, dass bei neugeborenen Thieren derartige Verletzungen in der Regel rasch und schön zur Heilung gelangen, aber, statt weiterer Discussion, ist es einfacher und zweckdienlicher, andere Experimente beizubringen, bei denen ein solcher Einwurf gar nicht gemacht werden kann.

In meinen Experimentaluntersuchungen über das Nervensystem (Archiv für Psychiatrie a. a. O.) habe ich nachgewiesen, dass man durch Steigerung oder Herabsetzung peripherischer Nerventhätigkeit die bezüglichen Hirncentren in ihrer Entwicklung fördern oder zurückhalten könne. Selbstverständlich dürfen zum vorliegenden Zwecke nur solche Centralorgane in Mitleidenschaft gezogen werden, die dem Schädel unmittelbar anliegen. Solche Centren sind vor allen die Bulbi olfactorii bei den Nagern und die Lobi optici bei den Vögeln. Bringt man durch Excision und Anlegung von 2—3 Ligaturen das eine Nasenloch zur Verwachsung, so setzt man damit den zugehörigen Nervus olfactorius ausser Function und zwingt den andern zu vermehrter Thätigkeit. Der von der Luft und ihrem Durchzuge abgesperrte Geruchsnerv verkümmert sammt seinem Bulbus, Nerv und Centrum der offen erhaltenen Seite dagegen entwickeln sich kräftiger. Ueber dem atrophirten Bulbus olfactorius verdickt sich die Schädelwand, über dem hypertrophischen verdünnt sie sich.

Vier sehr schöne Präparate dieser Art findet man auf Taf. VIII in den Figuren 7, 8, 9 u. 10. Auf die Mittheilung von Messungsresultaten verzichte ich, da die einfache Anschauung bei der Zartheit der Objecte sicherer führt, als selbst die Messung mit Hilfe von Lupe und Micrometer.

Nimmt man einer wenige Stunden vorher aus dem Eie geschlüpften Taube die eine Retina fort, so verkümmert der ihr zugehörige Nervus opticus mit seinem Lobus opticus und bei dem erwachsenen Thiere findet man seitlich von dem in seiner Entwicklung zurückgebliebenen Lobus die Schädelwand um die Hälfte dicker als die am functionirenden. Conf. Taf. VIII, Fig. 11 u. 12. Der Schädel ist durchgesägt und Fig. 11 stellt die vordere, Fig. 12 die hintere Hälfte dar. Gemessen wurde an der vorderen. Breite der Schädelwand links 3 Mm., Breite der Schädelwand rechts 2 Mm..

Beraubt man ein neugebornes Kaninchen der Möglichkeit, sich seines Gesichts- und Gehörssinnes zu bedienen (durch Fortnahme der Augen und Verschliessung der äusseren Ohrgänge) und erhält es ausserdem durch Isolirung in einem engen Raume möglichst fern auch von anderen Sinneserregungen, so gelangt das Gesammthirn mit einziger Ausnahme der Bulbi olfactorii, auf die sich das psychische Leben vorzugsweise concentrirt und die in Folge dessen einen höhern Grad der Ausbildung erreichen, nicht zur vollkommenen Entwicklung und bleibt in der Grösse etwas zurück. Dem entsprechend findet man beim erwachsenen Thiere über den Bulbis olfactoriis einen ausgedehnteren und verdünnten, über dem übrigen Gehirne einen in der Auswölbung etwas zurückgebliebenen und verdickten Schädel. Man vergleiche die beiden Reihen Schädeldurchschnitte auf Taf. VIII. Die aus den Figuren 15, 16, 17, 18 u. 19 bestehende gehört einem erwachsenen vollsinnigen, die aus den Figuren 20, 21, 22, 23 u. 24 zusammengesetzte dem sinnesdefecten (blindtauben) Kaninchen an. Die Sägeschnitte sind, wie ich bereits im Archiv für Psychiatrie bemerkt habe, möglichst genau an denselben Stellen geführt und kleine Fehler durch Nachschleifen beseitigt worden. Die Figuren 15 u. 20 stellen die Gegend der Bulbi olfactorii dar. Beim normalen Thiere finden wir in Fig. 15 relativ kleinen Hirnraum und relativ dicken Schädel[1]), beim blindtauben in Fig. 20 relativ grossen Hirnraum und relativ dünnen Schädel. Schon bei Fig. 16 u. 20 haben wir die Bulbusregion hinter uns und sofort schlägt auch das Doppelverhältniss um. Fig. 16 zeigt relativ grossen Hirnraum und relativ dünne Knochen. Fig. 21 relativ kleinen Hirnraum und relativ dicke Knochen. Fig. 17, 18 u. 19 stimmen mit 16 und Fig. 22, 23 u. 24 mit 21.

Die Operation, durch die man die Netzhaut zerstört, ist im Archiv für Psychiatrie mitgetheilt worden. Mit zwei flach ovalären Schnitten, die bis zur Tunica conjunctiva dringen, wird die noch verwachsene Augenlidspalte umgangen, mit der Pincette die Hautinsel gehoben, die Conjunctiva mit dem Scalpellstiele von den Augenlidern abgestreift, Insel, Conjunctiva und Palpebra tertia mit der Scheere abgeschnitten, der Bulbus oculi mit der Staarnadel angespiesst, aus der Orbita etwas herausgehoben,

[1]) Vergl. übrigens die Anmerkung im Archiv für Psychiatrie a. a. O. S. 710.

sein vorderes Drittel mittelst der Scheere abgetragen, Linse, Glaskörper und Netzhaut herausgelassen und die Wundränder des Augenlides genäht. — Etwas schwieriger ist die Verschliessung der Meatus auditorii externi. Nachdem die äusseren Ohren an ihren Wurzeln abgeschnitten sind, fasst man mit der Pincette den knorpeligen Ohrgang, streift mit einem kleinen, nicht zu scharfen Messer die Muskeln vorsichtig ab, dringt bis zum Trommelfell vor, schneidet den freipräparirten Gang dicht vor demselben ab und näht die Hautwunde. Wenn man gut operirte, floss fast gar kein Blut und blieb auch kein Rest des Ohrganges zurück. War letzteres doch der Fall, so sammelt sich in dem zurückgebliebenen Theile das Secret der Talgdrüsen nicht selten zu sehr grossen Massen an, die mitunter auch recht störend werden können.

Die beschriebene Verdickung des Schädels blindtauber, in Caspar Hauser'scher Weise grossgezogner Thiere zeigt sich übrigens nicht bei allen Exemplaren in so ausgeprägter Weise, wie bei dem auf Taf. VIII. Je freier liegend und ausgedehnter das Gebiet ist, welches von der Druckverminderung betroffen wird, desto unbestimmter und verwischter, je enger dagegen begrenzt und eingeschlossener, desto ausgiebiger und mehr in die Augen fallend gestaltet sich die Schädelverdickung. Doch ist das Verhältniss vielleicht auch nicht so ganz einfach als es hier angenommen wurde und wäre es nicht unmöglich, dass für den letzteren Fall auch noch andere Momente als der verminderte Druck des Gehirns concurriren.

Die Vögel sind Gesichtsthiere und die Fortnahme beider Augen ist für sie von der eingreifendsten Wirkung. Das Gehirn entwickelt sich mangelhaft und die Thiere werden blödsinnig. Auf Taf. VIII, Fig. 13 u. 14 ist der Schädel einer erwachsenen Taube dargestellt, der bald nach dem Auskriechen aus dem Eie beide Augen entfernt worden waren. Leider ist der Schnitt nicht genau so ausgefallen, wie der bei Fig. 11 u. 12 und nur die hintere Hälfte konnte durch Schleifen so weit corrigirt werden, dass ihre Vergleichung mit Fig. 12 zulässig ist. Während Fig. 12 einen Querdurchmesser von 21,5 und einen Höhendurchmesser von 21 Mm. hat, ergibt die Messung des Präparates von Fig. 14 einen Querdurchmesser von 19,5 und einen Höhendurchmesser von 19 Mm.[1]), dafür sind jedoch die Knochen des Schädels 14 dicker wie die des Schädels 12, obgleich allerdings der Unterschied nicht so bedeutend ist, als ich ihn erwartet hatte.

Nach den mitgetheilten Versuchen scheint es schon jetzt keinem Zweifel mehr zu unterliegen, dass das Gehirn bei der Entwicklung und Gestaltung des Schädels wesentlich betheiligt ist und dass ein vollkommen ausgebildeter Schädel zur nothwendigen Voraussetzung ein vollkommen ausgebildetes Hirn hat. Aber kein Experiment gibt es, das schöner die bis in's Kleinste und Feinste wirkende Gestaltungskraft des Gehirns nachweist, als die Fortnahme eines oberen Hemisphärenlappens. Der bei der Fortnahme beider allenfalls zulässige Einwand fällt bei einseitiger fort, denn, während bei jener das Gewölbe in Betracht kam, haben wir es bei dieser zunächst mit der Basis zu thun, die durch den Schnitt gar nicht berührt wird.

---

[1] Die beiden operirten Tauben waren von derselben Brut. Ueber mehr Präparate dieser Art verfüge ich zu meinem Bedauern nicht.

Auf Taf. X, Fig. 1 u. 2 finden sich die sehr gelungenen Abbildungen der Basis von zwei erwachsenen Kaninchenschädeln. Den Thieren, von denen sie herstammen, war 2 bis 3 Tage nach der Geburt der obere Theil der linken Hemisphäre abgetragen worden und bei beiden war die Knochenwunde ohne Bildung einer Spalte geheilt. Folge der Abtragung war, dass das zurückgebliebene Gehirn in den leeren Raum hineinwuchs. Seine unteren Theile, eingeschlossen von den Gruben der Schädelbasis, schoben die Wände dieser vor sich her, so dass die Basis in hohem Grade scoliotisch wurde, von der andern Seite drang aber auch der Schädel, dem geringeren Widerstande entsprechend, nach innen vor und es überbrückte sich in der Hälfte, die ihres Inhaltes zum Theil beraubt worden war, der Sulcus sphenoidalis zu einem förmlichen Canalis sphenoidalis. Zur besseren Veranschaulichung des Vorganges wurde auf Taf. I, Fig. 13 auch noch die Zeichnung der unteren Fläche eines in der angegebenen Weise verstümmelten Gehirns wiedergegeben, welches nach Aufbrechung der Basis aus dem Schädel Taf. X, Fig. 3 herausgenommen war. Bei dieser Art der Herausnahme, durch die das für mich wichtige Gewölbe des Schädels erhalten wurde, musste freilich Pons, Medulla oblongata und Kleinhirn geopfert werden, auch hat das Präparat durch längeres Liegen und Schrumpfen in Alcohol gelitten, lässt aber nichtsdestoweniger sehr deutlich seine Verschiebung wahrnehmen. (Mit der linken grossen Hemisphäre war auch, was ich beiläufig bemerke, in nicht beabsichtigter Weise der linke vordere Hügel des Corpus quadrigeminum abgetragen, wodurch, wie man auf der Zeichnung sieht, eine halbe Atrophie des entgegengesetzten Nervus opticus herbeigeführt wurde.)

Die wirklich schönen Präparate (Taf. X, Fig. 1 u. 2) gestatten keinen Zweifel daran, dass unter Umständen das Gehirn seine Kapsel forme und dennoch liefert dasselbe Experiment mit Abtragung einer Hemisphäre einen nicht minder vollwichtigen Beweis für die Richtigkeit des gegentheiligen Satzes, dass die Kapsel das Gehirn forme.

In Taf. X, Fig. 3 u. 4 sind die Gewölbe zweier Schädel dargestellt, bei deren Thieren dieselbe Operation vorgenommen war, wie bei denen der Schädel Fig. 1 u. 2. So verschoben im Innern die Basis ist, die Gewölbe selbst lassen, abgesehen von einer sehr unbedeutenden Abflachung der linken Seite keinerlei Abweichung ihrer Configuration von der Norm erkennen[2]). Nichtsdestoweniger hat sich das Gehirn, wie sich bei genauerer Untersuchung herausstellt, auch an seiner Convexität in hohem Grade verschoben, aber während es an der Basis die entgegenstehenden Wände der Schädelgruben vor sich herdrängte, glitt es am Gewölbe, dem geringeren Widerstande nach, einfach auf die linke Seite hinüber, sich selbst accomodirend, ohne die Knochenform zu alteriren[3]).

---

[1]) Die Scoliose des Schädels Taf. XI, Fig. 11, (ebenfalls Abtragung der linken Hemisphäre) rührt von der Verletzung des Knochens, einer Ernährungsstörung an der Kranznaht her.

[2]) Uebrigens verkenne ich nicht, dass der in der Darstellung hervortretende Gegensatz in den beiden Vorgängen an der Basis und dem Gewölbe eigentlich kein Gegensatz ist.

[3]) Beim Menschen sind Verschiebungen mässigen Grades eine relativ häufige Erscheinung. Zuweilen erreichen sie jedoch (nach Zerstörung grösserer Hirntheile durch embryonale Erkrankung) eine Ausdehnung die auch wohl einmal verkannt werden kann. Ohne Verschiebung lässt sich z. B. die Hirngestaltung in dem von Hecker und Buhl in der Monatsschrift für Geburtskunde Bd. XXXI, Heft 6 veröffentlichten Falle

Man kann auch statt des oberen Theiles einer Hemisphäre des grossen Gehirns die ganze Hemisphäre wegnehmen. Im Archiv für Psychiatrie a. a. O. S. 709 empfahl ich als ersten Act dieser Operation, so tief als zulässig einen horizontalen Schnitt auf beiden Seiten durch das Schädelchen bis zur Sutura lambdoidea zu führen und um diese Naht die gelöste Decke nach hinten zurück zu schlagen. Besser ist es jedoch, den Schnitt nur einseitig zu führen und die aufgehobene Hälfte um Stirn- und Pfeil-Naht umzuklappen. Der zweite Act der Operation besteht alsdann darin[1]), dass man die freigelegte Grosshirnhemisphäre möglichst tief abträgt und damit die ihr zugehörige Vierhügelhälfte, die zur weiteren Orientirung dient, zu Gesicht bekommt. Die Blutung ist stark. Man wartet ein wenig, bis sie steht und das Gerinnsel entfernt werden kann, geht dann mit dem Daviel'schen Löffel unter die hintere Wölbung des Lobus pyriformis, hebt sie etwas in die Höhe und drängt sie nach aussen auf den Schädelrand, geht dann mit dem Löffel um den durch diese Manipulation freier gewordenen Thalamus herum, dringt, so viel als nur eben möglich vom Corpus striatum erhaltend, in dieses ein, trennt die noch weiche Hemisphäre von ihm ab und hebt sie aus der Schädelhöhle vollends heraus. Die umgeklappte Schädeldecke wird wieder in die frühere Lage gebracht, eingepasst, die Haut vorsichtig darüber gezogen und zugenäht. Alles pflegt rasch und gut zu heilen und die Thiere entwickeln sich, ohne dass man irgendwelche Störung in der Bewegung, in den verschiedenen Sinnesthätigkeiten oder ihrem psychischen Gebahren zu entdecken im Stande ist. Tödtet man sie, nachdem man sie 4—8 Wochen oder auch länger hat leben lassen, so stellt sich derselbe Sectionsbefund, nur in erhöhtem Maasse, wie bei partieller Excision heraus. Neu jedoch ist die Ansammlung grösserer Quantitäten von Serum dort, wo Gehirn und Schädel miteinander nicht in Berührung getreten sind und tritt in diesem Befunde, der Unzulänglichkeit der Accomodation, ein noch gewichtigeres Argument für die relative Selbstständigkeit sowohl des Gehirnwachsthums als des Schädelwachsthums einem entgegen, als es schon in der Gegenseitigkeit der Accomodation gefunden werden musste.

Cap. 2.
Gegenseitige Abhängigkeit des Hirnwachsthums und Schädelwachsthums. Angriffe auf den Schädel.

Der Angriff wurde bisher auf das Gehirn geführt, lässt sich aber auch gegen den Schädel richten. — Bekannt ist die Gewohnheit der Flachkopfindianer in Nord-

---

von unvollkommener Cyclopie gar nicht erklären. Fast die ganze linke Grosshirnhemisphäre war zerstört und die rechte wurde in den freigewordenen Schädelraum nach links hinüber geschoben. Noch instructiver ist das schon früher erwähnte Idiotengehirn. Die rechte Grosshirnhemisphäre hat nach vorn zu die linke förmlich umwachsen, schiebt sich auf deren Basis hinüber, nimmt beide Bulbi olfactorii (deren Entwickelung selbstständig vor sich geht) auf und drängt die Arteriae Corporis callosi so über sich her, dass diese erst oben auf der Convexität über den Rand der rechten Hemisphäre hinweg die grosse Hirnspalte erreichen.

[1]) Bei der engen Verbindung, in der die Experimente über das Nervensystem und das Schädelwachsthum mit einander stehen, lassen sich einige Wiederholungen kaum vermeiden.

amerika, einiger eingebornen Stämme in Mexico und Peru, der Bewohner einiger Departemente im südlichen Frankreich, durch Bretter, Compressen, Binden, Hauben Anomalien der Kopfformen zu erzielen. Versuche, welche ich nach dieser Richtung bei Kaninchen anstellte, misslangen, trotzdem dass die einschnürenden Bänder von der eigenen Kopfhaut gebildet wurden, also nicht abgestreift werden konnten. Der Quere nach wurden über den ganzen Kopf bis zu den Winkeln der beiden Unterkiefer zwei parallele, 5 Mm. von einander entfernte Hautschnitte geführt, die so gebildeten Brücken in der Mitte durchgeschnitten, die Lappen frei präparirt, auf jeder Seite um 7 Mm. gekürzt, nach oben zusammengezogen und unter sich und mit den übrigen angrenzenden Haurändern durch Ligaturen vereinigt. Die Operation selbst fiel ganz nach Wunsch aus, aber das anfänglich sichtlich einschnürende Band dehnte sich sehr bald und nicht lange dauerte es, so war von einer Einschnürung nichts mehr wahrzunehmen.

Eine andere Art der Vermehrung der Druckwirkung des Schädels lernten wir bereits bei den durch Unterbindung der Carotiden herbeigeführten partiellen Atrophien kennen.

Die Schädelnähte sollen durch den Hirndruck gespannt erhalten werden und Fick[1]) behauptet, Nahtverschmelzungen könnten nur dann und dort sich ausbilden, wann und wo der Hirndruck zu wirken aufgehört habe. Auch Hagen[2]) ist der Ansicht, dass die frühe Verwachsung der Nähte ein Zeichen sei, dass das Gehirn nach gewissen Richtungen hin sein Wachsthum eingestellt habe. — Dass bei wachsenden Gehirnen die Nähte, die ein Theil der Schädelkapsel sind, mit dieser in einer gewissen Spannung erhalten werden, wird nicht zu bestreiten sein. Andererseits wird man schwerlich irrgehen, wenn man sich diesen Druck nicht als einen sehr bedeutenden vorstellt. Selbst wenn sich relativ sehr breite Spalten im Schädel eines neugebornen Kaninchens ausbilden, tritt darum noch lange nicht das Gehirn durch diese nach aussen; ja man darf sagen, dass es, so lange sein Druck ein normaler bleibt, niemals durch dieselben sich vordrängt. Taf. XI, Fig. 9 ist ein Schädel mit einer sehr breiten Spalte abgebildet, durch die das Gehirn sich nicht vorgewölbt hatte. Aber unrichtig ist die weiter gehende Fick'sche Behauptung. Dieses wurde schon von Virchow in den von Fick selbst citirten Arbeiten nachgewiesen. Nicht blos zu einer Zeit, wo das Gehirn seine normale Grösse bereits erreicht hat, sehen wir die Nähte noch fortbestehen, wir sehen dieses in einzelnen Fällen bis in's hohe Alter, selbst nachdem das Gehirn schon zu schrumpfen begann und statt seiner eine seröse Flüssigkeit den zu gross gewordenen Schädelraum füllen musste. Vielleicht darf ich hier nochmals an das Experiment erinnern mit Abtragung der beiden oberen Hemisphärenlappen und Erhaltung der schönsten Nähte in dem nach allen Richtungen abgeflachten Schädelgewölbe.

Gehen längs einer Naht die Bildungselemente zu Grunde, wird mithin an dieser Stelle das Wachsthum mehr oder weniger beeinträchtigt und durch diese Beeinträchtigung die Ausweichung resp. Erweiterung des Schädels erschwert, tritt also (mit

---

[1]) Neue Untersuchungen S. 26.
[2]) Psychiatrische Zeitschrift 1855 S. 43.

andern Worten) dem wachsenden Gehirne ein grösserer Widerstand entgegen, als die Norm mit sich bringt, so weicht sofort das Gehirn aus und unter dem durch den localen Widerstand leise gesteigerten allgemeinen Drucke kommt es zu den bekannten Compensationserweiterungen. An allen Kaninchenschädelpräparaten, bei denen das Randwachsthum längs einer Quernaht, beispielsweise der rechten Kranznaht, gelitten hatte, sieht man daher das Gehirn aus der nicht mehr in normaler Weise erweiterungsfähigen rechten Schädelhälfte über die Scheitelnaht weg sich in die linke hinüber schieben und auf diesem Wege Falx cerebri und Sinus longitudinalis einfach vor sich herdrängen. Auf dem Taf. III, Fig. 4 abgebildeten Schädel habe ich mit dem Messer gleich nach Tödtung des Thieres den Verlauf des durchscheinenden Längsblutleiters eingeschnitten, was, wie ich mich später überzeugte, insofern überflüssig ist, als man bei jedem, auch macerirten, Schädel an der zwischen die beiden Grosshirnhemisphären sich einschmiegenden Knochenleiste sowie an den zwei ihr parallelen, flachen, für die Aufnahme der bekannten schwachen Längswindungen bestimmten Rinnen sofort über die seinerzeitige Lagerung des Gehirnes sich orientiren kann. Ueber die Compensationserweiterungen wurde schon im ersten Abschnitte, wenn auch mit kleinen Uebergriffen über seine Grenzen, Manches beigebracht. Sie bilden, wie die Verkürzungen, ganze Reihen, beginnen an denjerigen Randbezirken des von einer Ernährungsstörung befallenen Knochens, die von dieser Störung verschont blieben, gehen dann weiter und erstrecken sich über alle nicht in dem Banne der Craniostenose gelegenen Theile des Schädels. Ich erinnere an die Fig. 8 der Taf. V. Hervorgehoben wurde der Virchow'sche Satz, dass die Erweiterung in der Richtung der synostotischen Naht erfolge und hinzugefügt, dass er, wie sein Genosse, der den Gang der Verkürzung formulirt, einer gewissen Modification bedürfe. In letzterer Beziehung erlaube ich mir nochmals auf Fig. 8, sowie auf Fig. 4 der Taf. V, in denen die Höhendurchmesser verlängert erscheinen, hinzuweisen, dann aber auch die Messung der Fig. 10 von der Mitte des Keilbeinkörpers aus nach allen Richtungen zu empfehlen. Lehrreich in Fällen von partieller Verkürzung mit compensatorischen Erweiterungen ist dann noch die Vergleichung der einzelnen Knochen beider Seiten untereinander, bei denen jedoch im Grossen und Ganzen das Auge für sich allein fast bessere Dienste leistet, als wenn man Zirkel und Maassstab heranzieht.

Dass übrigens vom Gehirn bei seinem Vordringen anscheinend ziemlich grosse Widerstände mit Leichtigkeit überwunden werden, sahen wir schon an der Unterkiefer-Photographie mit ihrer heruntergedrängten, rechtsseitigen Gelenkfläche auf Taf. VI, Fig. 16.

Nach Engel[1]) hat die Natur die Frage, welche Gestalt ein Schädel annehmen müsste, dessen Nähte sich frühzeitig verknöchert haben, dessen Knochen aber dabei dick und widerstandsfähig geworden, durch die Bildung so manchen Idiotenschädels beantwortet. Die Sache ist nicht so einfach. Dass eine verkümmernde Schädelstelle dem Gehirnwachsthum nicht förderlich ist, steht fest, (das Gehirn würde sonst richt unter ihr

---

[1]) Untersuchungen über Schädelformen S. 73.

ausweichen und den geringeren Widerständen entgegenwachsen), aber wenn man berücksichtigt, dass die Nähte an und für sich unbetheiligt beim Wachsthume sind, dass die
Knochen nicht nur an ihren Rändern, sondern auch von ihren Flächen aus und ausserdem interstitiell wachsen, welcher kolossalen Ausdehnung der Schädel bei kindlichem
Wasserkopfe fähig ist; bedenkt, in wie sufficienter Weise nach Unterbindung der Carotiden die Foramina transversaria (Taf. VI, Fig. 12 u. 13), die später doch ringsum geschlos-
sene, mit keinerlei Naht versehene Knochenröhren bilden, der Vergrösserung der Ver-
tebralarterien sich accomodiren; erfahren hat, welche gewaltigen Dimensionen bei
mangelhafter Herausschälung des Gehörganges (Experiment mit dem blind-tauben
Kaninchen) der knöcherne Theil desselben durch Anhäufung des Drüsensecretes annehmen kann; sich endlich an Fig. 10 der Taf. V (Durchschnitt der Scheitelbeine) überzeugt,
wie der Schädel im Bereiche seiner Stenose durch den Druck des Gehirns, trotz der
Erhaltung des Flächenwachsthums, sich verdünnt, also ausgedehnt hat: so wird
man sich nicht ohne Weiteres versucht fühlen, diese von Engel der Natur in den
Mund gelegte Antwort als eine zutreffende anzuerkennen und bei einem Idiotenschädel,
an dem die Nähte mehr oder weniger obliterirt sind, diese Obliteration einzig und
allein für den Idiotismus verantwortlich zu machen.

Eine dritte Art zu experimentiren besteht in der Verminderung des Schä-
deldruckes durch Anlegung von Spalten. Man vergleiche Taf. VII, Fig. 1 u. 2.

Bei einem neugebornen Thierchen wurde horizontal um die Hälfte des Schädels
herum ein Schnitt durch Scheitel- und Stirnbein geführt, bei einem andern ein Streifen parallel der Pfeilnaht aus dem Scheitelbeine herausgeschnitten. Bei beiden Thierchen entwickelte sich eine Spalte. Keinem Zweifel dürfte es unterliegen, dass die
Spalte der vom Gehirn ausgehenden Spannung ihre Entstehung verdankt, dass aber
auch andererseits dort, wo die Spalte sich befindet, der Widerstand des Schädels ein
geringerer ist. Die Spalten befinden sich auf der linken Seite. Hier ist die Wölbung
des Schädels in der That auch ein wenig stärker; die Scheitelbeine der rechten Seite
sind in ihrer Entwicklung zurückgeblieben und Pfeil- und Stirnnaht bilden einen
Bogen, dessen Concavität nach links gerichtet ist. Dennoch ist, abgesehen allerdings von der eben angeführten etwas stärkeren Wölbung die Gesammtconfiguration
der beiden Schädel eine nahezu normale. Im Wesentlichen dieselben Resultate kommen zum Vorschein — immerhin Spaltenbildung vorausgesetzt — wenn auf der ver-
letzten Seite der obere Theil der Grosshirnhemisphäre herausgenommen wurde. Taf. VII,
Fig. 3 u. 4. Auch Taf. XI. Fig. 9 und die früher an dieses Präparat geknüpften
Bemerkungen passen hierher.

Weiterer Experimente wird es nicht bedürfen. Durch alle in Cap. 1 und 2
vorgeführten ist, wie mir scheint, mehr als genügend nachgewiesen, dass gleichzeitig
der Schädel die Hirnform und das Hirn die Schädelform beeinflusst. Gehirn und
Schädel sind eben von Anfang an, fast möchte ich sagen, aufeinander gerichtet,
wachsen mit und durcheinander, tragen aber nichtsdestoweniger die Grundbedingungen
ihrer Gestaltung in sich selbst.

Cap. 3.

Relative Selbstständigkeit des Schädelwachsthums sowie des Wachsthums anderer Knochen.

Gehirn und Schädel tragen, sagte ich, trotz ihrer gegenseitigen Abhängigkeit die Grundbedingungen ihrer Gestaltung in sich selbst. Eine nicht kleine Anzahl von Beobachtungen die in den beiden ersten Capiteln enthalten sind, spricht für die Richtigkeit dieses Satzes. Hier erinnere ich nur an die Fortnahme einer ganzen Grosshirnhemisphäre mit ihrer Ansammlung von Serum an den Stellen, wo Gehirn und Schädel mit einander nicht in Berührung traten. Wiederum noch instructiver ist das bereits zwei Mal citirte Idiotenköpfchen. Sein Schädel ist auffallend normal gebildet. Auf dem mittleren Theile seiner Basis liegt das walzenförmige von seiner Dura mater ziemlich fest umschlossene, in seinem Wachsthume in hohem Grade zurückgebliebene „grosse Gehirn". Der Raum zwischen Dura mater und innerem Perioste des Schädels ist mit Serum gefüllt. Die seitlichen Gruben an der Basis des Schädels sind in einer Weise ausgebildet, die kaum von der normalen sich unterscheiden lässt und doch liegt kein Gehirn in ihnen. Die Zeit, in der die embryonale Störung des Hirnwachsthums sich einstellte, lässt sich zwar schwer bestimmen. Es ist nicht unwahrscheinlich, dass in den ersten Monaten Gehirn und Gruben sich einander entsprachen, aber Monate lang (das Gehirn hat einen grössten Querdurchmesser von nur 39 Mm., während der grösste Querdurchmesser des Schädels ohne Weichtheile 89 Mm. misst) war dieses sicher nicht der Fall und es lässt sich daher der Gedanke nicht abweisen, dass die durch das Serum bedingte Spannung genügt hat, den Schädel trotz der rudimentären Entwicklung des Gehirns zu einer relativ normalen Gestaltung gelangen zu lassen. Wäre diese Auffassung eine richtige, so würde allerdings die früher festgehaltene und gewiss nicht der thatsächlichen Begründung entbehrende Hypothese von der Bedeutung der Gehirnform für die Ausgestaltung ihrer Kapsel einer nicht unwesentlichen Reduction bedürfen, andererseits aber hätte die Natur durch ein Experiment, wenn ich mich so ausdrücken darf, einen Beweis für die relative Selbstständigkeit der Schädelentwicklung (relativ insofern, als dennoch eine gewisse Spannung vorausgesetzt wird) geliefert, wie die Wissenschaft ihn zu liefern bis jetzt nicht im Stande war.

Der Ausdruck, Gehirn und Schädel tragen die Grundbedingungen ihrer Gestalt in sich selbst, bezieht sich auf das neugeborene Thier, geht über die Zeit der Geburt zunächst nicht hinaus. Erst müssen sie da sein, bevor sie sich nach den ihnen immanenten Bedingungen weiter entwickeln können. Das Wort „immanent" ist ganz unverfänglich und innere und äussere Bedingungen sind und bleiben beide Gegenstand der Beobachtung und Untersuchung.

„Aber es genügen uns doch die vorliegenden Thatsachen, (Fick: Ueber die Ursachen der Knochenform S. 22) der einmal gegebenen Sceletsubstanz jede organoplastische Eigenkraft abzusprechen und im Gegentheile anzuerkennen, dass in dem Umbaue des Scelets aus seiner fötalen Form in die vergrösserte Dimension der Definitivform dem Scelete selbst keine andere Eigenkraft zukommt, als dass die Matrices desselben histoplastische Intensitäten besitzen, kraft derer sich die fötale Sceletform nach allen Richtungen hin bis zu ihrer endlichen Erschöpfung vergrössert in dem Grade, als sie keinen Widerstand an Organen findet, deren histoplastische Kräfte grösser sind als die ihrigen". Auch nach wiederholter Durchlesung dieses Satzes, dessen relative und tiefsinnige Berechtigung ich durchaus nicht verkenne, glaube ich ruhig weiter gehen zu können und da es sich hier um etwas handelt, was nicht blos den Schädel, sondern jeden Knochen betrifft und die an irgend einem Knochen gemachten Beobachtungen jedem andern zugut kommen, theile ich zum weiteren Belege für die relative Selbstständigkeit des Wachsthums der Schädelknochen und die Existenz innerer Bedingungen ihrer Gestaltung einige an anderen Knochen gemachten Experimente mit.

Exarticulirt man einem neugebornen Kaninchen ein Vorderbein im Schultergelenke, so legt man damit alle Muskeln, die vom Schulterblatte zum Beine gehen, nahezu lahm. Mit der Functionsbeschränkung wird ihre Entwicklung beschränkt. Nicht sich vollständig entwickelnde Muskeln wirken, wie wir das später recht schön sehen werden, allerdings auf die Gestaltung der durch sie bewegten Knochen zurück, aber letztere entwickeln sich doch und behaupten unter allen Umständen, ich kann keinen andern kurzen Ausdruck finden, ihre Grundform. Man vergleiche die beiden Schulterblätter eines in der angegebenen Weise operirten Kaninchens auf Taf. X, Fig. 5 u. 6.

Ein anderes Experiment, das ursprünglich zu einem anderen Zwecke gemacht wurde, aber doch auch hier sich verwerthen lässt, ist folgendes.

Ein Assistent hält das zu operirende Thierchen. Vom Schultergelenk angefangen wird längs des oberen Randes des Schulterblattes ein Schnitt geführt, der mit der Haut die Musc. basio-humeralis, levator scapulae und cucullaris trennt. In der Tiefe erscheint der Plexus brachialis. Ein zweiter Assistent zieht am Beinchen das Schulterblatt ab- und rückwärts, gleichzeitig mit einem Finger der andern Hand von der Achselhöhle aus den Plexus in die Höhe drängend. Vorsichtig, ohne die Gefässe zu fassen, werden Schlingen um die einzelnen Nervenstämme gelegt und geknotet, die Nerven dicht an der Wirbelsäule abgeschnitten und damit sie nicht wieder verwachsen, mittelst der Schlingen in den Wundwinkel gezogen und dort eingenäht. Die Operation ist nicht gerade sehr leicht. Nach 4—5 Tagen, innerhalb derer die Wunde genügend geheilt ist, wird die Haut des Unterschenkels ihrer ganzen Länge nach gespalten, mittelst einer Scheere der Unterschenkel dicht unter dem Ellenbogen und dicht über dem Fussgelenke durchgeschnitten, aus dem Hautschlauche herausgenommen und die Wunde zugenäht. Trotzdem dass in dieser Weise das Füsschen vom übrigen Organismus fast gänzlich getrennt ist und nur noch durch einige Hautgefässe mit ihm in Verbindung steht, eine Function daher absolut unmöglich ist, wächst dasselbe fort und sämmtliche Knochen lassen bei der Tödtung, wenngleich sie in der Grösse etwas zurückblieben, ganz dieselben Formen beobachten, die sie hätten, wenn sie gebraucht worden wären. Man vergleiche Taf. X, Fig. 19 u. 20 mit Fig. 17 u. 18.

Dem ersten (weniger schon dem zweiten) Experimente lässt sich indessen und zwar nicht ganz mit Unrecht der Vorwurf machen, die Muskeln seien zwar ausser Function gesetzt und verkümmert, aber doch nicht ganz und gar fortgenommen. Einem dritten Kaninchen[1]) wurden daher nach Spaltung der Haut längs des ganzen rechten Unterschenkels sämmtliche Weichtheile auf's sorgfältigste von der Ulna und dem Radius getrennt und dann entfernt. Die nackten Knochen blieben zurück. Die Wunde heilte sehr rasch und das heranwachsende Thierchen ging später auf dem operirten Beinchen wie auf einer Stelze, wobei das Füsschen mit seinem Rücken den Boden berührte. Nach erfolgter Tödtung fand sich an einer Stelle, wo beide Perioste etwas verletzt worden waren, eine unbedeutende Synostose zwischen Ulna und Radius vor, der Unterschenkel ist ein wenig in seiner Entwicklung zurückgeblieben, auch in Folge davon, dass er mit dem Rücken des Fusses auftrat, etwas anders gebogen, im Grossen und Ganzen aber trotz alledem auffallend normal gebildet. Man vergleiche Taf. X, Fig. 8 mit Fig. 7, in der die linken Unterschenkelknochen desselben Kaninchens wiedergegeben sind.

Bei zwei neugebornen Kaninchen wurde der linke Unterschenkel exarticulirt. Eine neue Gelenkkapsel bildet sich und nimmt alle Muskeln auf, die zur Bewegung des Unterschenkels dienen. Da die Innervation der Muskeln nicht ganz aufhört und diese sich contrahiren, so hätte man eine gewisse Berechtigung zu vermuthen, unter dem Drucke der Kapsel werde sich das Gelenkende abrunden und beim erwachsenen Thiere eine mehr halbkugelförmige Gestalt zeigen. Man findet aber nach der Tödtung ein relativ normales Gelenkende mit Trochlea, Fossa supratrochlearis anterior und posterior und Condylus medialis und das Einzige, was zugegeben werden muss, ist, dass die Formen nicht so bestimmt und vollkommen klar sich ausgebildet haben, wie sie dieses unter dem Drucke und der Schleifung von Seiten des Unterschenkels gethan haben würden. Man vergleiche Taf. X, Fig. 9 u. 11 (normale Seite) mit Fig. 10 u. 12 (operirte Seite) ebenso Fig. 13 u 15 mit Fig. 14 u. 16. Dasselbe Resultat wird erreicht, wenn man den Oberschenkel oder die Scapula exarticulirt. Im ersten Falle entwickelt sich die Cavitas glenoidea, im zweiten die Gelenkfläche des Humerus in fast normaler Weise.

Cap. 4.

Einfluss der Sinnesorgane auf das Schädelwachsthum.

Auf die Experimente mit dem Bulbus olfactorius und dem Lobus opticus komme ich nicht mehr zurück. Nicht weniger muss ich in Ermangelung weiterer Untersuchungen das Capitel auch nach anderen Richtungen hin beschränken und nur der Bulbus oculi, das für die Schädelgestaltung allerdings wichtigste Sinnesorgan, wird zur Besprechung gelangen.

Auf Taf, IX, Fig. 1, 2 u. 3 sind drei Schädeldurchschnitte erwachsener Kaninchen photographirt, deren erstes normal, deren zweites seiner beiden Augen, deren drittes seines rechten Auges beraubt war. Den Bulbus hatte ich nicht enucleirt, sondern mich begnügt, sein vorderes Drittel abzutragen und seinen Inhalt zu entleeren; auch waren die Augenlider einfach gespalten und nicht zusammengenäht worden. Als Folge erkennt man alsbald, dass in Fig. 2 beide Orbitæ und in Fig. 3 die rechte Orbita

---

[1]) Der Plexus brachialis blieb unverletzt.

zusammengerückt und verkleinert sind. Schon tritt auch ziemlich deutlich in Fig. 3 die Asymmetrie der zur Aufnahme der Geruchskolben bestimmten Theile hervor.

Von viel grösserer Mächtigkeit sind die Folgen der eigentlichen Enucleation. Taf. IX, Fig. 4, 5, 6, 7 u. 8 stellen verschiedene Ansichten des Schädels eines Kaninchens dar, dem gleich nach der Geburt der linksseitige Bulbus oculi herausgenommen worden war. Ab- und Einwärtsdrängung des Arcus supraorbitalis und des Hamulus vom Os lacrymale rühren vom Druck der zusammengenähten verkürzten und durch die Vernarbung nach innen gezogenen Augenlider her. Sie treten, nur nicht in dem hohen Grade, auch dann ein (Taf. IX, Fig. 13), wenn der Bulbus oculi erhalten und ein einfaches Ankyloblepharon (beiläufig bemerkt, der beste Schutz des Auges bei der Trigeminus-Durchschneidung) herbeigeführt wurde.

Verticaler Durchmesser[1]) der rechten Orbita 17,5 Mm., verticaler Durchmesser der linken Orbita 11 Mm.. Horizontaler Durchmesser der rechten Orbita 20 Mm., horizontaler Durchmesser der linken Orbita 17 Mm. Der rechtsseitige Arcus zygomaticus ist lang 29,5 Mm., der linksseitige 26 Mm.. Was letzterer an Länge eingebüsst hat, hat er (Ausdruck seiner sog. Wachsthumsintensität) in seinen übrigen Dimensionen einigermassen ersetzt. Der rechtsseitige Arcus zygomaticus ist 6,5 Mm., der linksseitige Arcus zygomaticus dagegen 7,5 Mm. hoch.

Der Unterschied der beiden Orbitae ist also ein sehr bedeutender und wir werden demgemäss nicht erwarten, dass die Verengung der einen ohne weiteren Einfluss auf den übrigen Schädel bliebe. Am deutlichsten sehen wir das Vorrücken der hintern Theile des Schädels nach vorn und das der vorderen nach hinten in den Figuren 4 u. 5. Man vergleiche in Fig. 4 die Temporalvorsprünge der Ossa parietalia (an der Sutura coronalis) und die lateralen Spitzen der Nasenbeine (am Stirnbein) links und rechts. Ihre Entfernung von einander beträgt auf der rechten Seite 20,3 Mm., auf der linken Seite 19 Mm.. Man vergleiche ferner in Fig. 5 die Processus alveolares und pterygoidei. Entfernung des vordersten Alveolarrandes von der Incisura pterygoidea rechts 18 Mm., dieselbe Entfernung links 17 Mm.. Selbst Stirn- und Pfeilnaht bilden einen, wenn auch sehr schwachen, mit seiner Concavität nach der operirten Seite gerichteten Bogen.

Ludwig Fick[2]) ist der Ansicht, dass der Wegfall grösserer Muskelparthien, sowie des Augapfels auf den Uebergang der Sceletform aus der fötalen in die Definitivform zwar sehr wesentlich modificirend einwirke, dass aber diese Modification sich nicht durch das ganze Scelet, sondern nur auf einzelne Theile desselben beschränke, dass z. B. nach Fortnahme des Auges der Binnenraum des Schädels keine wesentliche Asymmetrie zeige[3]). Ein Blick auf Taf. IX, Fig. 8, die das Innere des Schädels zur Anschauung bringt, zeigt alsbald, wie irrthümlich diese Meinung ist und wie noch etwas mehr, als blos geistreich, die aber doch nicht ganz zutreffende Vorstellung Diderot's ist, nach der[4]) sich die Wirkung eines jeden auf das Scelet gerichteten

---

[1]) Vom oberen Rande des Arcus zygomaticus gemessen bis zur Ansatzlinie des Arcus supraorbitalis.

[2]) Ueber die Ursachen der Knochenformen S. 19.

[3]) Ebendaselbst S. 16 zu Fig. II, und S. 18 zu Fig. XII, XIII u. XIV.

[4]) Fick a. a. O. S. 20.

Angriffes von dem Angriffspunkte aus wie eine Kraftwelle über das ganze Scelet fortsetzt. Der das Stirnhirn in sich schliessende Schädelraum ist asymmetrisch, was man zwar nur undeutlich sieht, ebenso der die Bulbi olfactorii aufnehmende, was man in der Photographie wegen nicht genügender Beleuchtung bei der Aufnahme gar nicht sieht, desto auffallender aber springt die Ungleichheit der hinteren kleinen Keilbeinflügel in die Augen.

Grösster Höhendurchmesser dieses Flügels rechts 9,5 Mm., links 8,5 Mm.. Grösster Querdurchmesser (von der Mittellinie der Schädelbasis aus) rechts 13,5 Mm., links 13 Mm.. Die durch Verengung der Orbita herbeigeführte Beschränkung der Schädelbasis kann selbstredend auch nicht ohne Einfluss auf die Hirnform bleiben. Was vom Hirn an der Basis sich nicht entwickeln kann, drängt hinauf und führt eine bei genauer Untersuchung nicht zu verkennende etwas stärkere Anschwellung an der Convexität der bezüglichen Hemisphäre herbei. Für diejenigen, die auf die Entdeckung in der Hirnrinde umgrenzter, zu den einzelnen Sinnen in bestimmte Relation zu bringender Organe ausgehen, ist es von Wichtigkeit, dieses zu wissen und könnte ihnen sonst wohl ein Verschiebungsphänomen als eine durch vermehrte Functionirung der erhaltenen Retina hervorgerufene Hypertrophie imponiren.

Nicht ohne Interesse ist auch das Foramen opticum der Fig. 8. Die linksseitige Hälfte ist zwar kleiner als die rechtsseitige, aber doch viel grösser als der durchtretende atrophische sehr kleine Nerv. opticus. Werden übrigens beide Retinae zerstört, so pflegt allerdings ein stärkeres Zusammenrücken der Ränder des Foramen stattzufinden. Meinem Collegen, Director Hubrich in Werneck, verdanke ich Hirn und Schädel eines blind (ohne Bulbi) geborenen, sonst normalen Schweines, bei dem das Foramen opticum nur noch eine feine Querspalte bildet. Der verticale Durchmesser der eigentlichen Orbita beträgt nur 28 Mm., der horizontale 21,5, der verticale Durchmesser eines zur Vergleichung mitgeschickten sehenden Schweines von demselben Wurfe 43 Mm., der horizontale 32. Die Thiere waren 7 Monate alt. 'Die Wirkung der Reduction der Orbitae lässt sich ebenfalls durch den ganzen Schädel verfolgen. Die Schädelwand zwischen Hirn und zu Grunde gegangenen Augen ist dicker. Andeutungen des letzteren Verhaltens fand ich auch bei dem Kaninchenschädel mit einseitiger Verengung der Orbita.

Cap. 5.
Einfluss der Musculatur auf das Schädelwachsthum.

Um zunächst wieder an einem sehr frappanten Beispiele nachzuweisen, wie leicht überhaupt die Knochen durch Aenderung ihrer Zug- und Druckverhältnisse sich umgestalten lassen, ohne jedoch dadurch in ihrer charakteristischen Grundform wesentlich beeinträchtigt zu werden, habe ich auf Taf. IX, Fig. 10 u. 12 (Fig. 9 u. 11 sind die dazu gehörenden Scapulae der andern Seite) zwei Schulterblätter photographiren lassen, deren Processus hamati sich sehr verschieden entwickelt haben.

Trennt und dislocirt man in der früher angegebenen Weise den siebenten und achten Halsnerven, so sind damit vorzugsweise die Musc. extensores ausser Thätigkeit gesetzt und das operirte Vorderbein legt sich in totaler Flexion und Adduction an den vordern Theil des Thorax, trennt und dislocirt man dagegen den fünften und sechsten Halsnerven, so streckt sich das ganze Vorderbein und legt sich horizontal an die Seite vom hintern Theile des Brustkorbes. In beiden Fällen bleibt die Scapula, wie das ganze Bein, im Wachsthume etwas zurück, im ersten wird ausserdem der Process. hamat. nach vorn gezogen, im zweiten wird er nach hinten gedrückt. (Nicht photographirt wurden die beiden Vorderbeine eines Kaninchens, dem ich einen Hinterschenkel exarticulirt hatte. Die so operirten Thierchen behaupten nur mühsam das Gleichgewicht und je älter sie werden, desto mehr arbeitet das erhaltene Hinterbein in der diagonalen Richtung und desto weiter rücken die Vorderbeine als Stützen hinaus auf die Seite, die der hinteren Stütze ermangelt. Die Folge ist eine tiefgreifende Umgestaltung sämmtlicher Knochen der Extremitäten, die sich in Kürze jedoch nur schwer beschreiben lässt.)

Extraction des Nervus facialis. Ein vom Ursprung des Ohrlöffels gegen den Unterkieferwinkel geführter Einschnitt bringt den Nerven in Sicht. Zwei bis drei leichte Messerzüge legen ihn frei. Sobald er freigelegt ist, führt man nach Schiff einen stumpfen Haacken unter ihn und zieht ihn seiner ganzen Länge nach aus dem Canalis Fallopiae heraus. Der Nerv reisst, wenn die Operation gelingt, an der Austrittsstelle zwischen Brücke und Corpus trapezoides ab. Ihm pflegen einige Tropfen Cerebrospinalflüssigkeit und diesen mitunter leichte, sehr rasch verschwindende Zuckungen zu folgen. Der Facialnerv versorgt den Musculus buccinator. Zunge und Backe sind die Regulatoren der Speisebewegung. Versagt der Buccinator, so fehlt der Widerhalt für die durch die Zunge unter die Zähne gebrachten Speisen, das Thier kann wegen der nachgiebigen Tasche, die sich bildet, auf der operirten Seite nicht mehr kauen und durch die Unthätigkeit der Kaumuskeln auf der Seite des durchschnittenen Nerv. facialis und die vermehrte Thätigkeit derselben Muskeln der andern Seite bildet sich eine sehr deutlich ausgesprochene Scoliose mit der Concavität des Bogens nach der gelähmten Backe. Am meisten zwar participirt an dieser Scoliose der Gesichtsschädel mit seinem Unterkiefer, man vergl. Taf. XI, Fig. 1, 2 u. 3, aber ganz verschont bleibt auch kein Theil des Gehirnschädels. Auffallend, was ich beiläufig erwähne, ist der Unterschied in den Zähnen der beiden Seiten. Die der nicht kauenden Seite sind länger, dünner und der Quere nach vielfach gerieft.

In anderer aber einigermassen verwandter Weise lässt sich eine solche Scoliose, wenn auch geringeren Grades, durch einseitige Trennung und Dislocirung des Infraorbital- und unteren Maxillar-Nerven erzielen. Die so behandelten Thiere, deren eine Lippenhälfte nicht mehr fühlt, pflegen ihr Futter vorzugsweise mit der andern zu fassen und demgemäss auf derselben Seite zu verkleinern. Wahrscheinlich lässt sich auch der Nervus lingualis in dieser Richtung verwerthen. Die Kaninchen, denen ein Nerv. hypoglossus durchschnitten und dislocirt wurde, gingen zu Grunde.

Die angeführten Nervenexperimente haben den Vortheil, dass die Operation an und für sich nicht eingreifend und ihre Wirkung eine ungemein sichere und reine ist. Man kann auch durch Fortnahme des einen Musculus masseter eine Verschiebung herbeiführen. Entfernt man den einen Masseter und von der Maxilla inferior derselben Seite den Processus condyloideus und pterygoideus, so führt ausserdem der in noch höherem Grade verminderte Gegendruck ein stärkeres Hervordrängen dieser Seite des Schädels herbei. Die beiden letzten Experimente sind indessen viel eingreifender und blutiger.

Nimmt man bei einem neugebornen Kaninchen ein Vorderbein mit seinem Schulterblatt fort, so ist zwar die Hauptfolge eine bedeutende Scoliose der Wirbelsäule mit der Concavität des Bogens nach der operirten Seite, der Wegfall der Thätigkeit des Musculus cucullaris bewirkt aber doch auch eine Verschiebung der Hinterhauptsschuppe nach der entgegengesetzten Seite, Taf. XI, Fig. 4. Sehr in die Augen springend ist übrigens diese Verschiebung nicht.

Cap. 6.

Einfluss der Zähne auf die Gestaltung des Schädels.

Die Herausnahme der Zähne ist eine ziemlich schwierige und umständliche Operation. Ein Hautschnitt wird längs der Pars buccalis des Unterkiefers geführt, die Vena facialis doppelt unterbunden und der die Alveolen führende Theil der Maxilla inferior freigelegt. Sobald er freigelegt ist, schneidet man aus ihm seiner ganzen Länge nach einen 1 Mm. breiten Knochenstreifen heraus und öffnet damit die Alveolen. Sind die Alveolen geöffnet, so dringt man mit einem feinen, löffelförmigen Instrumente in jede einzelne und hebt ihren Zahn sammt seiner Pulpa heraus. Gelang auch dieser Theil der Operation, so wird die Hautwunde geschlossen. Taf. XI, Fig. 5 u. 6, sowie Fig. 7 u. 8 stellen die Schädel zweier Kaninchen dar, bei denen die Dentes molares aus der linken Maxilla inferior herausgenommen waren. Ganz gelungen ist übrigens die Operation beim Kaninchen, dessen Schädel in Fig. 5 photographirt wurde, nicht, und das Kaninchen zu Fig. 7, bei dem die Operation sehr gut ausgeführt wurde, musste zu früh getödtet werden. Wären beim Kaninchen 5 nicht zwei Zähne zurückgeblieben und hätte ich das Kaninchen 7 bis zum vollendeten Wachsthume am Leben erhalten können, so würden sich höchst wahrscheinlich die Scoliosen in höherem Grade entwickelt haben. Jetzt muss man, um sich von ihrem Vorhandensein zu überzeugen, eine Linie ziehen, die die Crista occipitalis mit der Scheidewand der Alveolen der oberen Schneidezähne verbindet. Verkümmert ist der Processus alveolaris des Unterkiefers der operirten Seite. Seine Alveolen bilden eine gerade Linie und seine Zähne sind lang und dünn, während der Processus der functionirenden Seite einen kräftigen Bogen mit kurzen und stark entwickelten Zähnen wahrnehmen lässt.

Ganze Reihen von Versuchen liessen sich noch anstellen und ich zweifele nicht daran, dass, je zahlreicher und verschiedener die Angriffspunkte sind, die gewählt werden, desto reicher und gegenseitig sich mehr ergänzend und corrigirend die Resultate ausfallen. Es wird nicht nöthig sein, zu wiederholen, dass die „inneren Bedingungen" des Wachsthums, von denen ich sprach, mit den von Fick verurtheilten „organoplastischen Ideen" nichts gemein haben. Vor der Hand scheinen sie indessen noch sehr unnahbar zu sein. Woher z. B. das eigenthümliche Missverhältniss in den beiden Stirn- und Scheitel-Beinen des Schädelchens Taf. XI, Fig. 10? Nicht unwahrscheinlich ist es, dass ihr vom neugeborenen Thiere abstrahirtes Gebiet sich um so mehr verengt, je tiefer man in die embryonalen Anfänge hinabsteigt. Was hier noch zu thun wäre, ist geradezu unabsehbar.

Bei den Experimenten haben mich in der freundlichsten und zuvorkommendsten Weise meine beiden früheren Secundärärzte, Dr. Rabus und Director Dr. Grashey unterstützt. Dem einen von ihnen, Dr. Rabus, der im Jahre 1867 bei einem Unglücksfalle in Werneck als ein Opfer seiner Nächstenliebe und seines Pflichteifers den Tod fand, kann ich leider nicht mehr danken.

Erklärung der Abbildungen.

Taf. I.

Fig. 1. Regenerirte Pfeil- und Stirnnaht nach Ausschneidung dieser Nähte.

Fig. 2. Regenerirte Pfeilnaht nach derselben Operation.

Fig. 3, 4, 5, 6 u. 7. In der Continuität der Knochen (durch Spaltung dieser) neugebildete Nähte.

Fig. 8. Zeichnung des normalen Verlaufs der Havers'schen Kanälchen (in halbmaliger Vergrösserung).

Fig. 9 u. 10. Verlauf der Havers'schen Kanälchen nach Unterbindung der Carotiden (Vergrösserung wie in Fig. 8).

Fig. 11. Störung im Verlauf der Havers'schen Kanälchen nach Unterbindung der Jugularvenen (Vergrösserung wie in Fig. 8).

Fig. 12. Verhalten der Havers'schen Kanälchen bei einer angeborenen partiellen Synostose der Pfeilnaht (einmalige Vergrösserung).

Fig. 13. Verschiebung des Gehirns nach Abtragung des oberen Theils der linken Grosshirnhemisphäre.

Fig. 14. Microcephaler Kaninchenschädel mit Erhaltung der Suturen.

Taf. II.

Fig. 1, 2 u. 3. Wormianische Knochen und ihre Zackenbildung.

Fig. 4. 5 u. 6. Schuppen- und Zackenbildung an dem Temporalende der Kranznaht.

Fig. 7 u. 8. Schuppenbildung an einem Wormianischen Knochen.

Fig. 9, 10 u. 11. Drei Kaninchenschädel von gleichem Querdurchmesser, von denen Fig. 9 keinen Zwischenknochen, Fig. 10 einen Zwischenknochen, Fig. 11 zwei Zwischenknochen besitzt.

Taf. III.

Fig. 1, 2 u. 3. Schädel in drei verschiedenen Ansichten mit fötaler Gestaltung der linken Schläfennaht (nach Unterbindung der Carotiden).

Fig. 4, 5 u. 6. Schädel in drei verschiedenen Ansichten mit fötaler Gestaltung der rechten Kranznaht (n. U. d. C.).

Fig. 7. 8 u. 9. Schädel in drei verschiedenen Ansichten mit fötaler Gestaltung der linken Kranznaht und Synostose der rechten Scheitelbein-Zwischenscheitelbeinnaht (n. U. d. C.).

Taf. IV.

Fig. 1, 2 u. 3. Schädel in drei verschiedenen Ansichten mit fötaler Gestaltung der linken Kranznaht und Schläfennaht (nach Unterbindung der Carotiden).

Fig. 4, 5 u. 6. Schädel in drei verschiedenen Ansichten mit fötaler Gestaltung der rechten Kranznaht und der linken Schläfennaht (n. U. d. C.).

Fig. 7. Synostose des vorderen Theiles der Pfeilnaht und fötale Gestaltung des Temporalendes der linken Kranznaht (n. U. d. C.).

Fig. 8. Normaler Schädel zur Vergleichung mit

Fig. 9. Synostose des hinteren Theiles der Pfeilnaht (n. U. d. C.).

Taf. V.

Fig. 1. Frontalprofilansicht des Schädels 8 auf Taf. IV.

Fig. 2 Dieselbe Ansicht des Schädels 9 auf Taf. IV.

Fig. 3. Sagittalprofilansicht des Schädels 8 auf Taf. IV.

Fig. 4. Dieselbe Ansicht des Schädels 9 auf Taf. IV.

Fig. 5. Normaler Schädel zur Vergleichung mit Fig. 6.

Fig. 6. Partielle Synostose der Stirnnaht (nach Unterbindung der Carotiden).

Fig. 7. Ansicht des Innern der vorderen Hälfte des Schädels von Fig. 5.

Fig. 8. Dieselbe Ansicht des Schädels von Fig. 6.

Fig. 9. Synostose der Pfeilnaht.

Fig. 10. Ansicht des Innern der vorderen Hälfte des Schädels von Fig. 11.

Fig. 11. Synostose der rechten Kranznaht (n. U. d. C.).

Fig. 12 u. 13. Synostose der linken Kranznaht bei einem Maulwurfsschädel von oben und unten.

Taf. VI.

Fig. 1, 2 u. 3. Schädel in drei verschiedenen Ansichten mit Synostose der linken Kranznaht, fötaler Gestaltung der linken Schläfennaht und zwei Lücken in den Stirnbeinen (nach Unterbindung der Carotiden).

Fig. 4 u. 5. Obere und hintere Ansicht eines normalen Schädels zur Vergleichung mit Fig. 6 u. 7.

Fig. 6 u. 7. Dieselben Ansichten eines Schädels mit Synostose der Nähte zwischen Schuppentheilen und Gelenktheilen des Hinterhauptsbeines. Die Lücken in den Scheitelbeinen beider Schädel sind künstlich.

Fig. 8. Glatte Pfeilnaht nach Unterbindung der Jugularvenen.

Fig. 9. Brückenförmige Synostosen der Pfeilnaht nach Unterbindung der Jugularvenen (vergl. Taf. I, Fig. 11.)

Fig. 10. Angeborene partielle Synostose der Pfeilnaht (vergl. Taf. I, Fig. 12).

Fig. 11. Glatte Pfeilnaht nach Unterbindung der Carotiden.

Fig. 12 u. 13. Atlas und Epistropheus mit vergrösserten Foramina transversaria nach Unterbindung der Carotiden.

Fig. 14 u. 15. Dieselben Knochen eines normalen Kaninchens zur Vergleichung.

Fig. 16. Unterkiefer zur Fig. 4 auf Taf. IV gehörend.

Taf. VII.

Fig. 1. Spaltenbildung nach Durchschneidung des Scheitel- und Stirnbeins.

Fig. 2. Spaltenbildung nach Ausschneidung eines Streifens aus dem Scheitelbein.

Fig. 3 u. 4. Abtragung der linken Grosshirnhemisphäre mit Spaltenbildung im Schädel.

Fig. 5. Ausschneidung zweier Knochenstreifen aus den Scheitelbeinen mit Verschiebung der Stirnbeine.

Fig. 6. Ausschneidung eines kleinen Dreiecks aus dem rechten Scheitelbeine. Ausfüllung der Lücke durch das linke Scheitelbein.

Fig. 7 u. 8. Fortnahme des Os interparietale. Ausfüllung der Lücke durch die angrenzenden Knochen.

Fig. 9. Marken in Scheitel- und Stirn-Beinen.

Taf. VIII.

Fig. 1 u. 2. Erweiterter Schädel von oben und unten nach Ausschneidung der Pfeilnaht, Spaltenbildung und eingetretener Encephalitis.

Fig. 3. In allen Dimensionen verkürztes und abgeflachtes Schädelgewölbe nach Abtragung beider Grosshirnhemisphären. Vernarbung der Knochenwunde. Erhaltung der Nähte.

Fig. 4. Normales Schädelgewölbe zur Vergleichung.

Fig. 5. Sagittalprofilansichten von Fig. 3 u. 4.

Fig. 6. Frontalprofilansichten von Fig. 3 u. 4.

Fig. 7, 8, 9 u. 10. Schädelabschnitte nach Aufhebung der Function des rechten Nervus olfactorius. Region des Bulbus olfactorius.

Fig. 11 u. 12. Vordere und hintere Hälfte des Schädels einer Taube nach Zerstörung der rechtsseitigen Retina. Unterschied in der Entwicklung der Höhlen für die Lobi optici.

Fig. 13 u. 14. Vordere und hintere Hälfte des Schädels einer Taube, der beide Retinae fortgenommen waren.

Fig. 15, 16, 17, 18 u. 19. Schädelabschnitte eines normalen Kaninchens zur Vergleichung mit den

Fig. 20, 21, 22, 23 u. 24. Schädelabschnitte eines Kaninchens, dem beide Retinae zerstört und die äusseren Ohrgänge verschlossen worden waren. Fig. 15 u. 20 Gegend der Bulbi olfactorii. In Fig. 15 kleiner Hirnraum und dicker Schädel, in Fig. 20 grosser Hirnraum und dünner Schädel. In den folgenden Figuren umgekehrtes Verhältniss.

Taf. IX.

Fig. 1. Schädelabschnitt eines normalen Kaninchens mit dem vorderen Theile seiner Orbitae.

Fig. 2. Schädelabschnitt eines Kaninchens, dem nach Abtragung des vorderen Drittels seiner Bulbi oculorum die Retinae entfernt wurden.

Fig. 3. Schädelabschnitt eines Kaninchens, dem in derselben Weise die rechtsseitige Retina entfernt wurde.

Fig. 4, 5, 6 u. 7. Vier verschiedene Ansichten des Schädels eines Kaninchens, dem der linke Augapfel enucleirt worden war.

Fig. 8. Ansicht des Innern der vorderen Hälfte dieses Schädels.

Fig. 9 u. 10. Zwei Schulterblätter eines Kaninchens, dem durch Trennung und Dislocation des 5. u. 6. Halsnerven die Flexoren des linken Vorderbeins gelähmt waren.

Fig. 11 u. 12. Dieselben Knochen eines Thieres, dem durch Trennung und Dislocation des 7. u. 8. Halsnerven die Extensoren gelähmt waren.

Fig. 13. Schädelabschnitt eines Kaninchens mit abwärts gedrängtem Arcus supraorbitalis nach künstlich herbeigeführter Verwachsung der Augenlider.

Taf. X.

Fig. 1 u. 2. Scoliose der Schädelbasis und Ueberbrückung des Sulcus sphenoidalis der linken Seite nach Fortnahme eines Theiles der linken Grossgehirnhemisphäre.

Fig. 3 u. 4. Die Schädelgewölbe von zwei in gleicher Weise operirten Thieren.

Fig. 5 u. 6. Schulterblätter eines Kaninchens, dem der linke Humerus exarticulirt war.

Fig. 7 u. 8. Unterschenkelknochen (Vorderbein) eines Kaninchens, dem sämmtliche Weichtheile am rechten Unterschenkel mit Erhaltung der Haut fortgenommen waren.

Fig. 9, 10, 11 u. 12. Humeri eines Kaninchens (vordere und hintere Ansicht), dem der linke Unterschenkel exarticulirt war.

Fig. 13, 14, 15 u. 16 wie in Fig. 9—12.

Fig. 17, 18, 19 u. 20. Zwei Vorderbeine eines Kaninchens, dem auf der linken Seite der Plexus brachialis getrennt und dislocirt und der Unterschenkel resecirt war.

Taf. XI.

Fig. 1, 2 u. 3. Schädel von oben und unten und Unterkiefer eines Kaninchens, dem der linke Nervus facialis extrahirt war. Scoliose.

Fig. 4. Schädel eines Kaninchens, dem das rechte Vorderbein mit Schulterblatt fortgenommen war. Verschiebung der Hinterhauptsschuppe nach links.

Fig. 5 u. 6. Schädel eines Kaninchens, dem die Dentes molares der linken Unterkieferseite unvollständig weggenommen waren.

Fig. 7 u. 8. Schädel eines Kaninchens, dem dieselben Zähne vollständig weggenommen waren.

Fig. 9. Spaltenbildung nach Ausschneidung der Pfeilnaht. Sonst normale Entwicklung.

Fig. 10. Leichte Schädelscoliose nach ungleicher Entwicklung der Stirn- und Scheitelbeine.

Fig. 11. Scoliose des Schädels nach Abtragung der linken Grosshirnhemisphäre mit Spaltenbildung und partieller Synostose der linken Kranznaht.

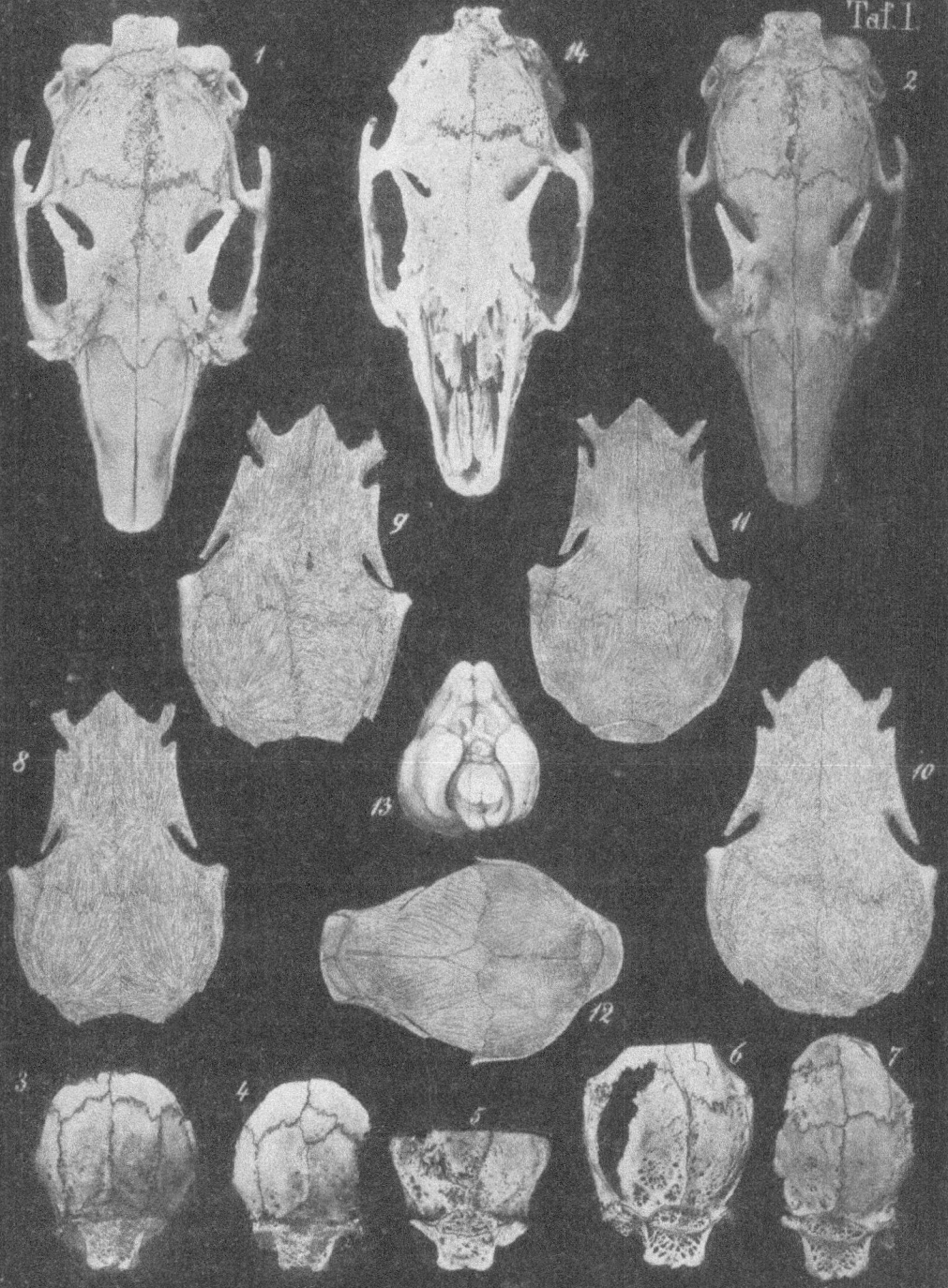

Taf. I.

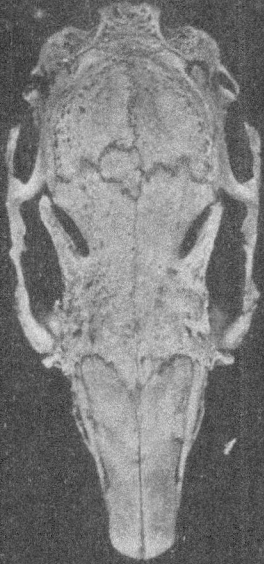
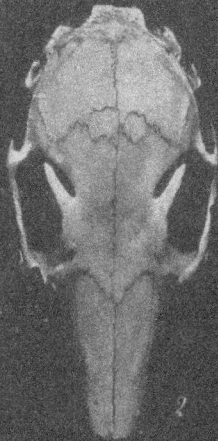
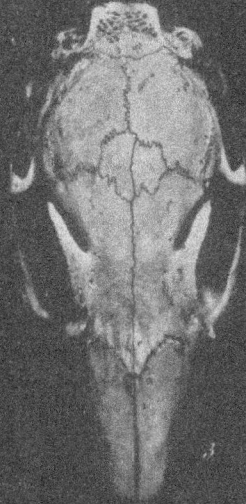
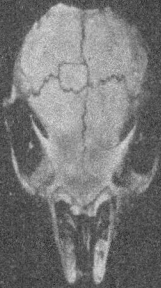

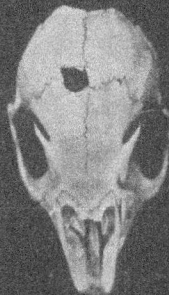
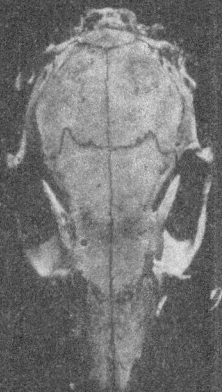
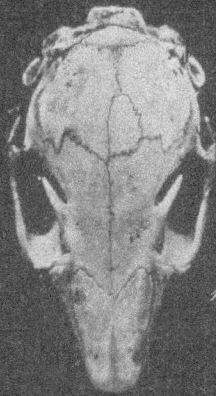
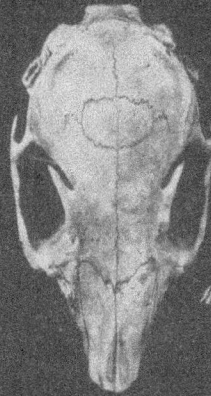

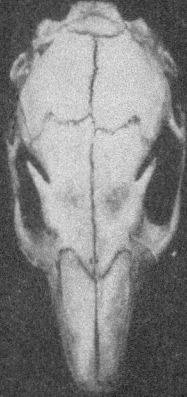

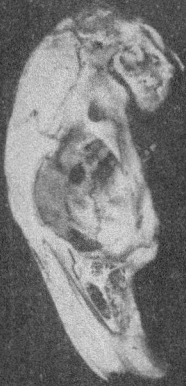

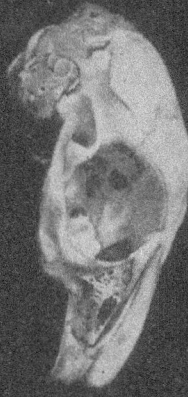

2   1   3

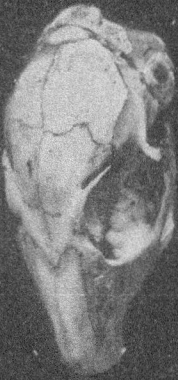

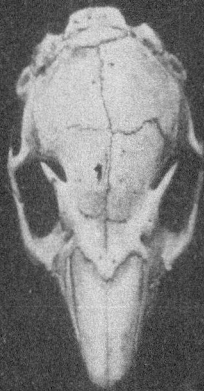

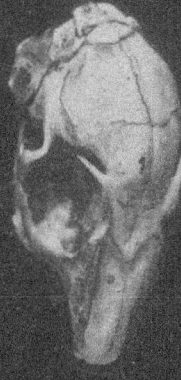

5   4   6

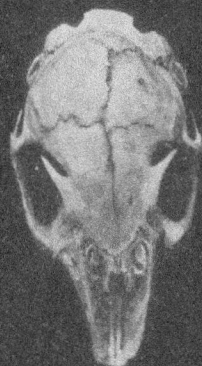

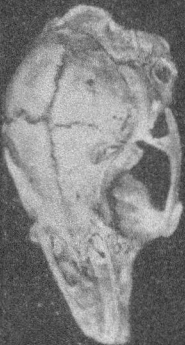

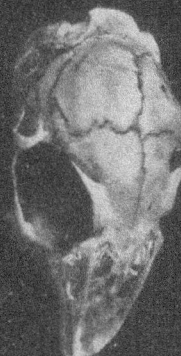

8   7   9

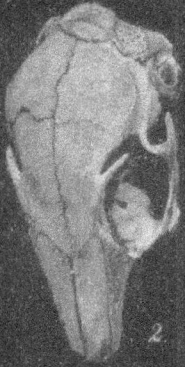
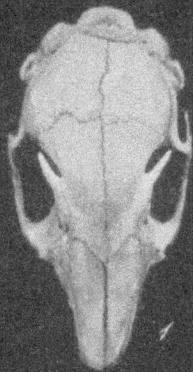
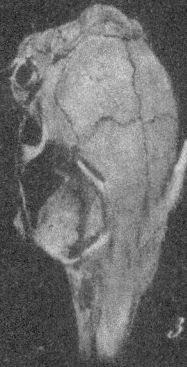

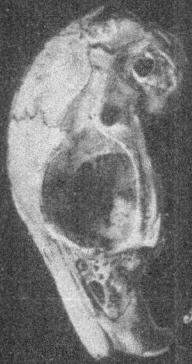
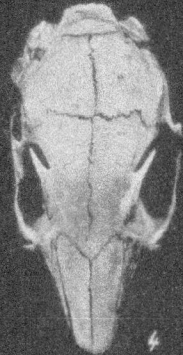
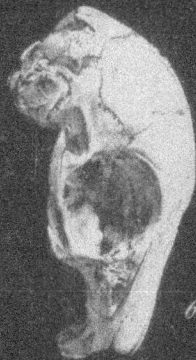

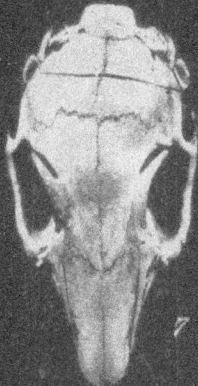
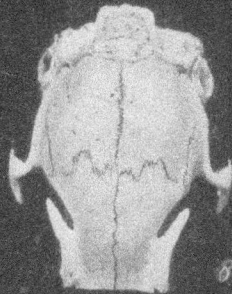

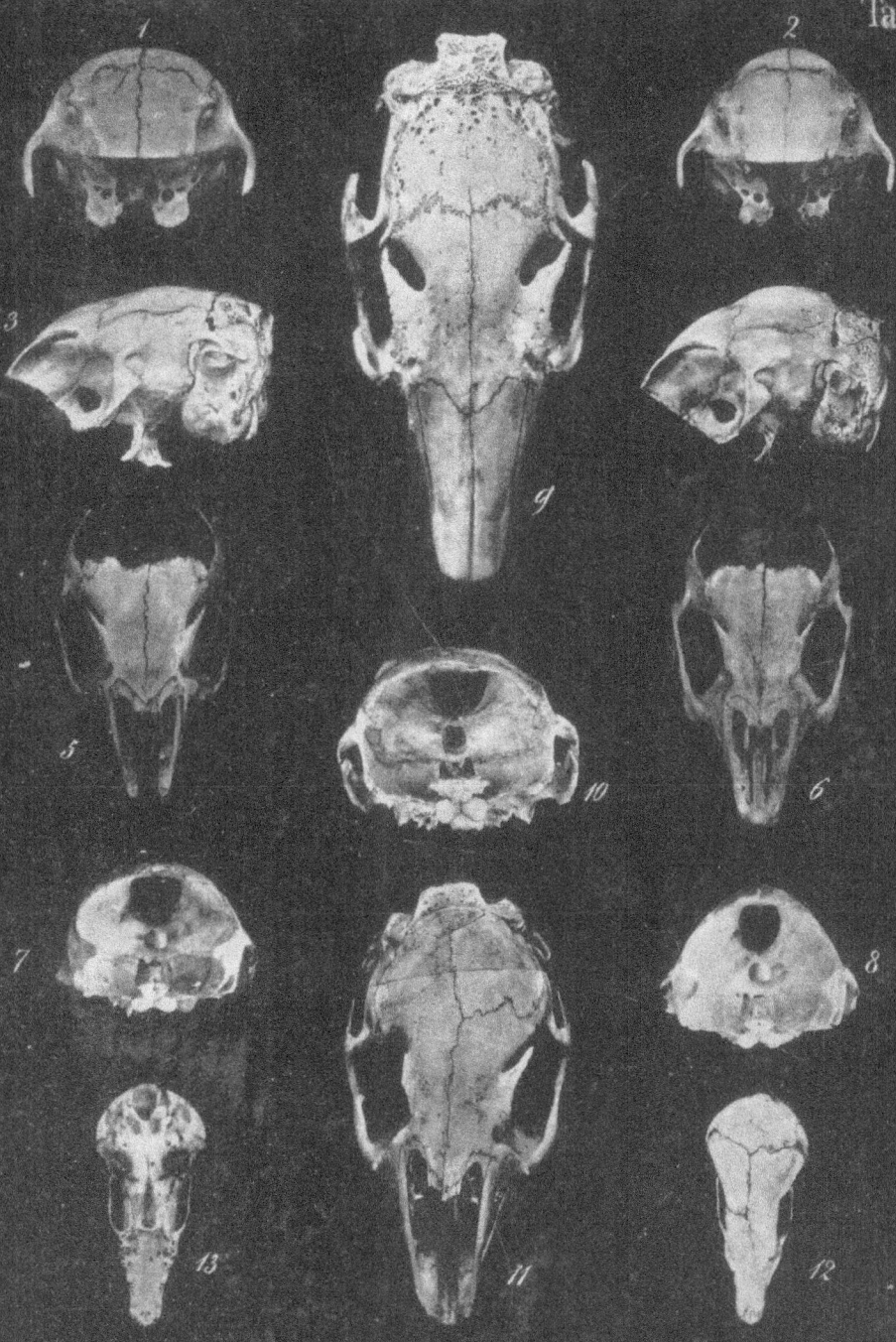

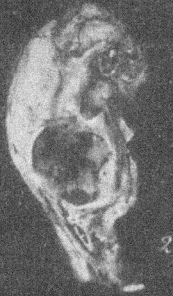
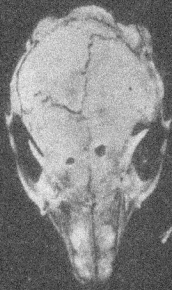
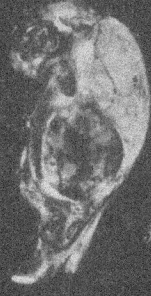
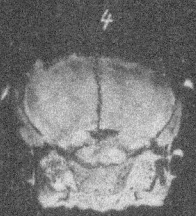
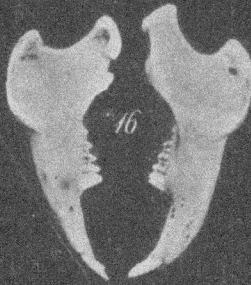
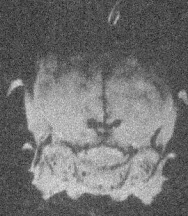
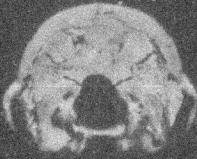
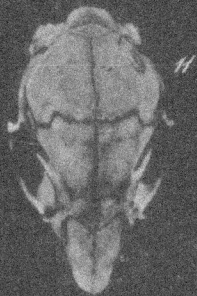
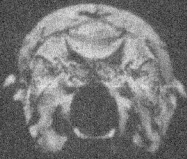
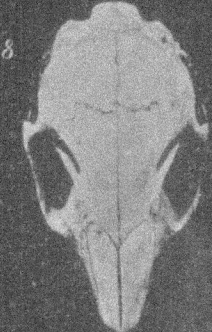
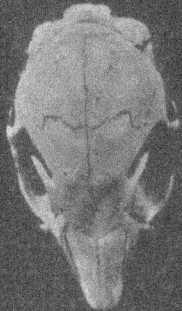
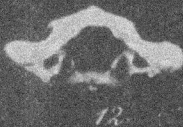
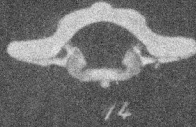

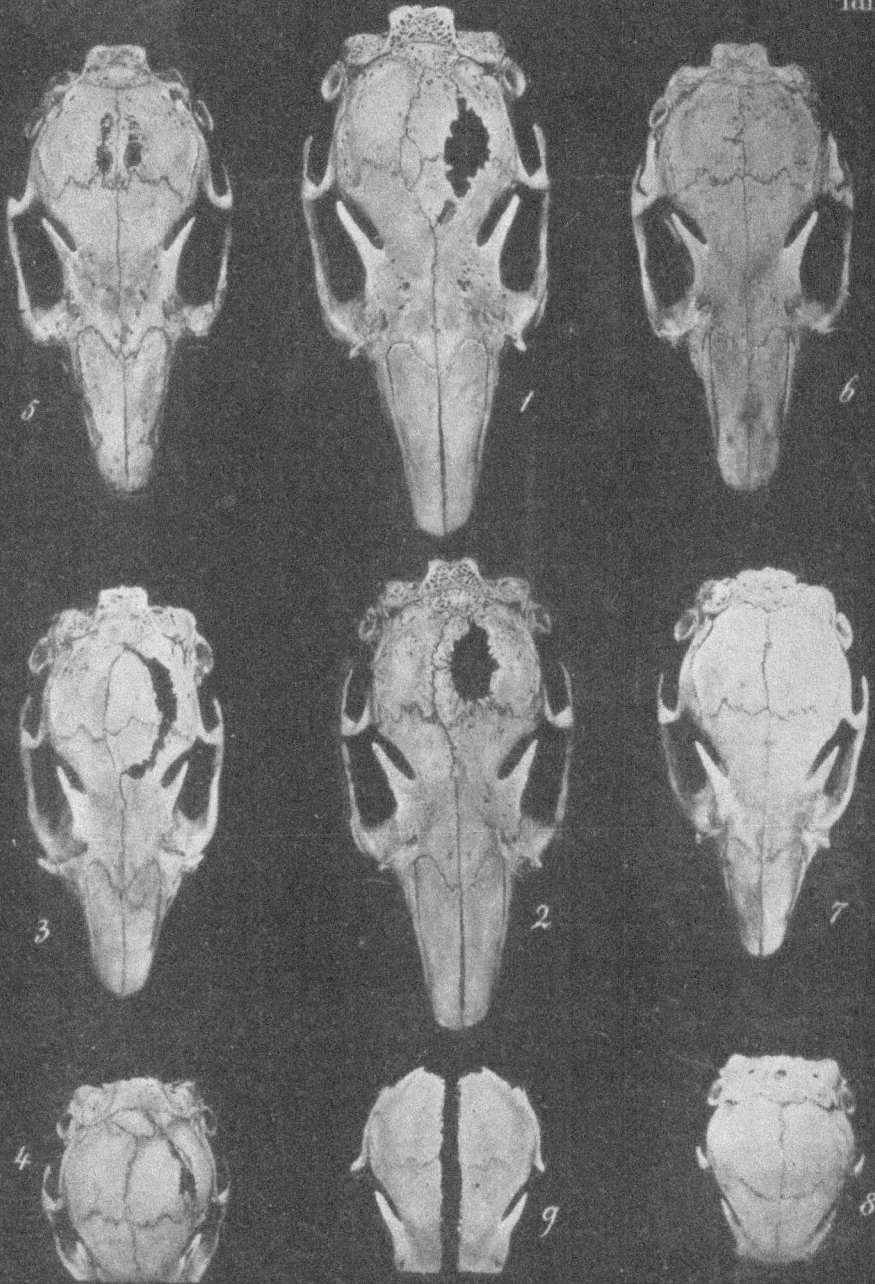

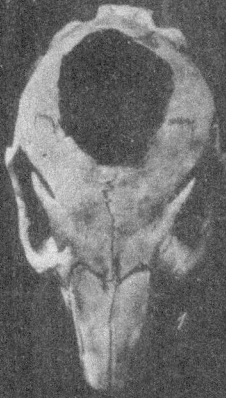

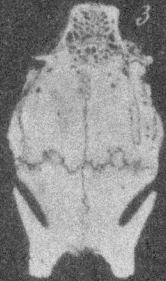

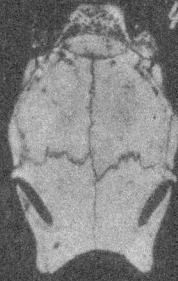

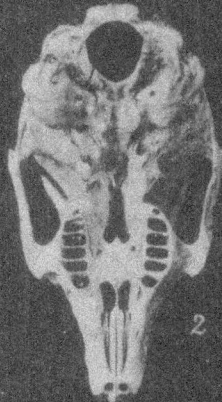

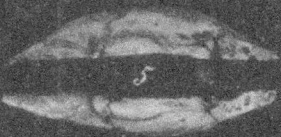

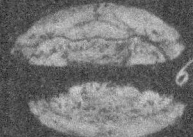

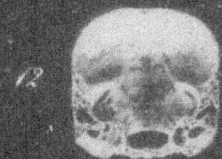

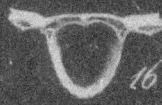

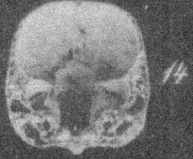

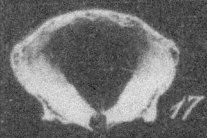

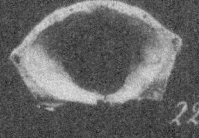

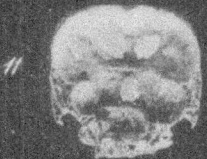

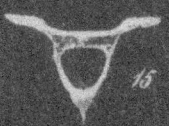

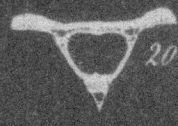

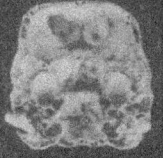

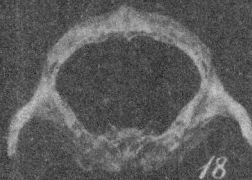

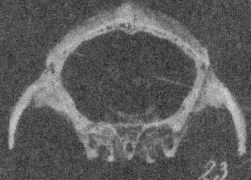

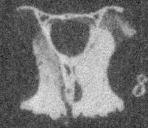

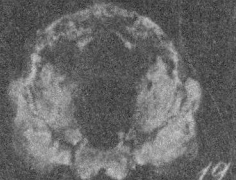

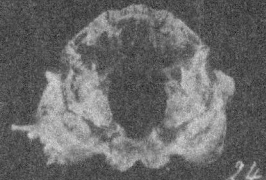

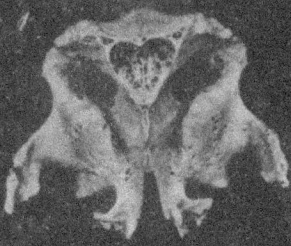
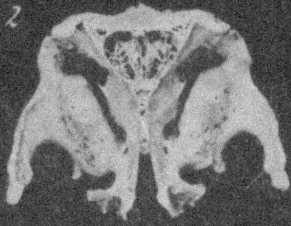
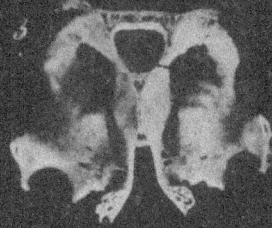
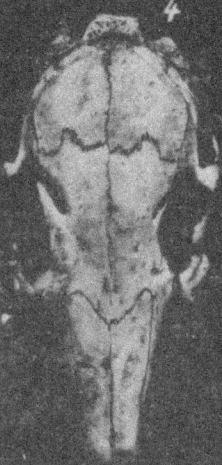
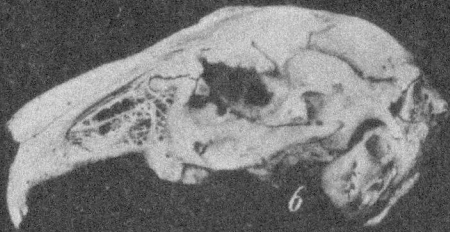
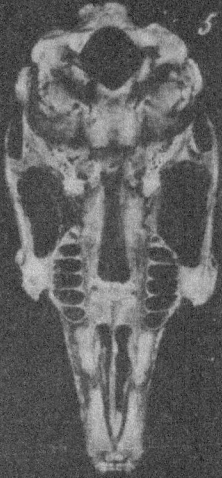
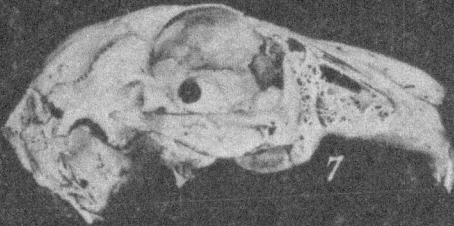
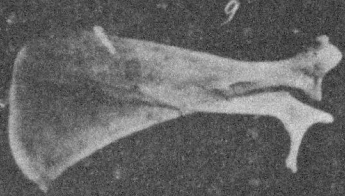

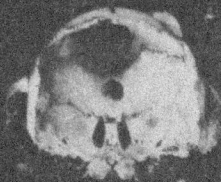

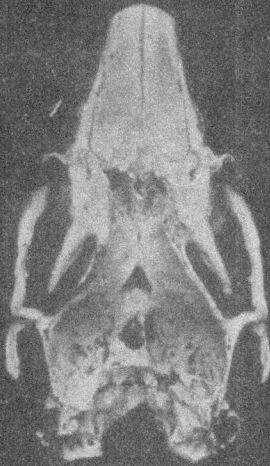
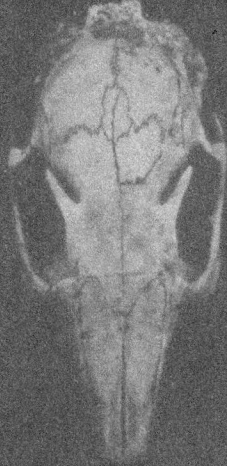
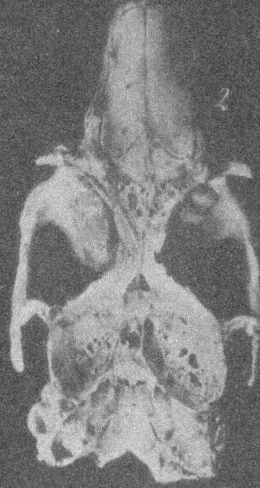
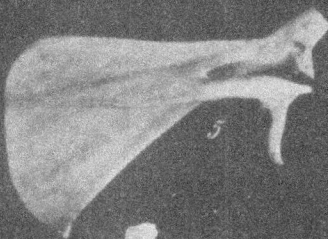
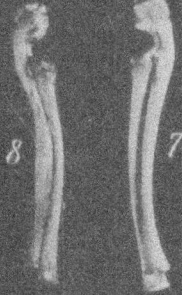
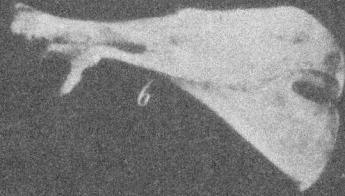
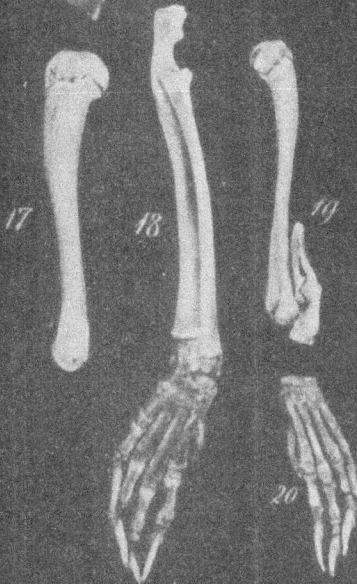
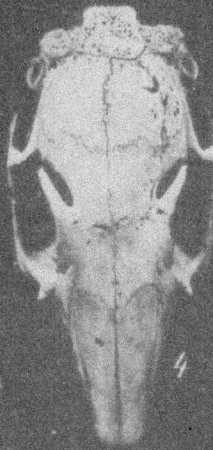
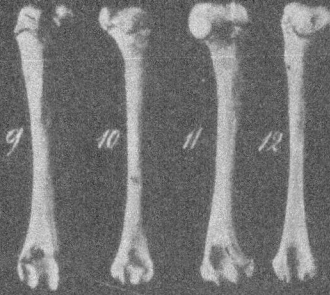
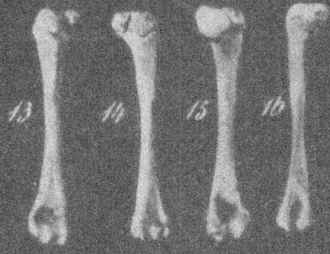

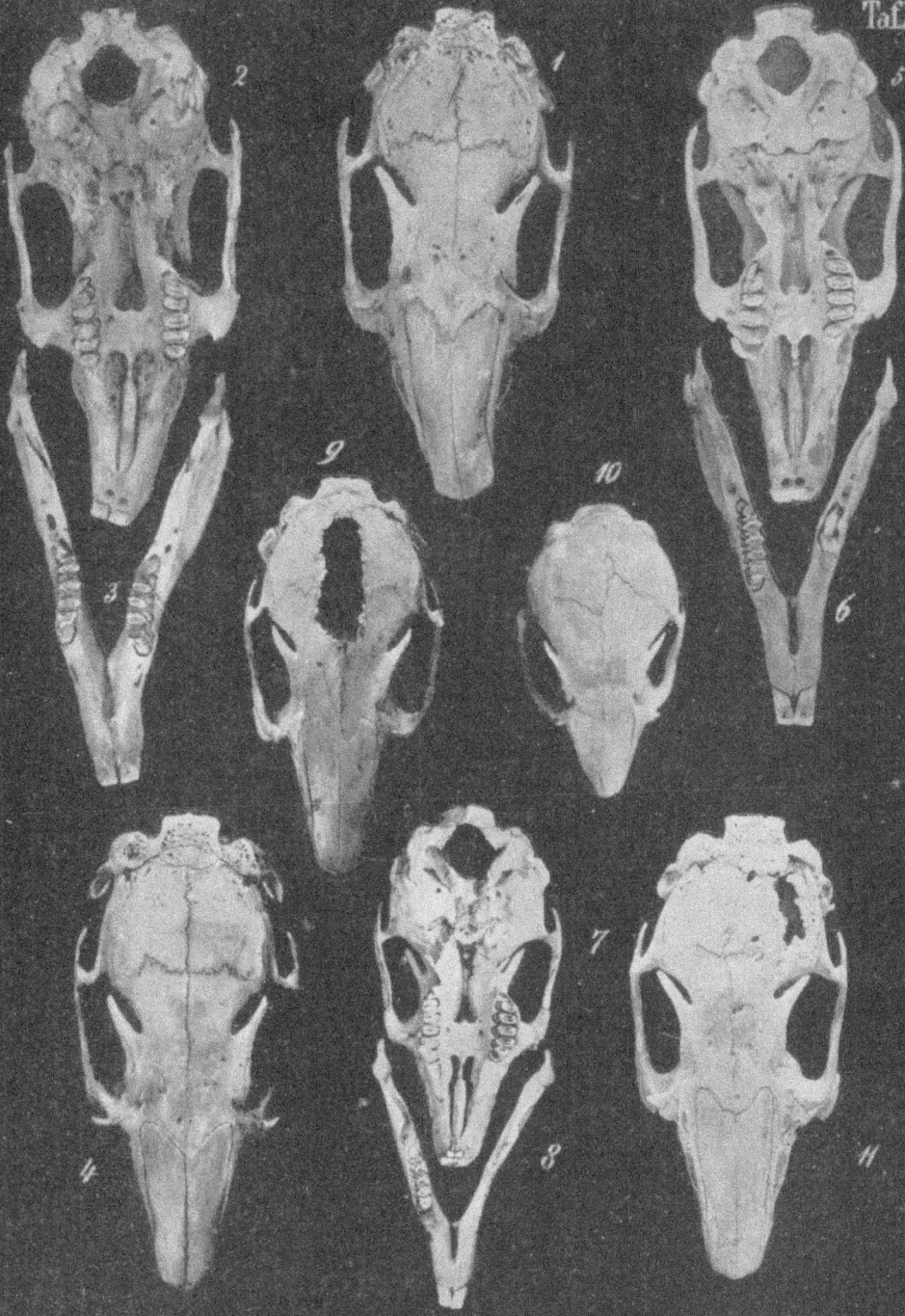